# ABITUR-WISSEN
## ERDKUNDE

Manfred Bormann

# GUS Staaten • Russland

STARK

ISBN 978-3-89449-801-6


www.stark-verlag.de
1. Auflage 2006

# Inhalt

**Vorwort**

## Der Naturraum ........ 1

1 Lage und Abgrenzung ........ 1
2 Geologie und Oberflächengestalt ........ 3
3 Das Klima der GUS-Staaten ........ 7
4 Böden und Vegetation ........ 14
5 Gewässer ........ 22
**Zusammenfassung** ........ 24

## Territoriale Entwicklung und Erschließung ........ 25

1 Mittelalter und Frühe Neuzeit ........ 25
2 Russland bis zum Ersten Weltkrieg ........ 26
3 Entstehung und Entwicklung der Sowjetunion ........ 29
4 Der Epochenwandel 1985/91 und seine Folgen ........ 35
**Zusammenfassung** ........ 38

## Die administrative und politische Struktur ........ 39

1 Die administrative Struktur Russlands ........ 39
2 Das politische System Russlands ........ 42
3 Verwaltungsstruktur und politische Systeme der anderen GUS-Staaten ... 47
**Zusammenfassung** ........ 50

*Fortsetzung siehe nächste Seite*

## Agrargeografie Russlands und der anderen GUS-Staaten ...... 53

1 Die Agrarzonen ... 53

2 Die Entwicklungsetappen der Landwirtschaft in Russland und in der Sowjetunion ... 57

2.1 Entwicklung der Landwirtschaft bis 1917 ... 57

2.2 Entwicklung der Landwirtschaft seit Gründung der Sowjetunion ... 59

3 Transformationsprobleme nach Auflösung der UdSSR ... 68

4 Heutige Strukturen und Probleme ... 70

**Zusammenfassung** ... 73

## Industrie und Dienstleistungen ... 75

1 Das Rohstoffpotenzial ... 75

2 Die Verkehrsinfrastruktur ... 84

3 Etappen der industriellen Entwicklung ... 89

3.1 Die Entwicklung bis 1917 ... 89

3.2 Die Entwicklung in der Periode der UdSSR ... 89

3.3 Ergebnisse und Probleme der Industrialisierung der UdSSR ... 92

3.4 Strukturen und Probleme der Industrie heute ... 93

4 Strukturen und Probleme des Außenhandels ... 96

5 Der tertiäre und quartäre Sektor ... 99

5.1 Die Ausgangslage am Ende der Sowjetzeit ... 99

5.2 Der Transformationsprozess seit Auflösung der UdSSR ... 100

**Zusammenfassung** ... 104

## Bevölkerung und Ethnien der GUS-Staaten ... 107

1 Entwicklung und Struktur der Bevölkerung ... 107

1.1 Die Entwicklung der Bevölkerungszahl ... 107

1.2 Die Entwicklung der Bevölkerungsverteilung und der Bevölkerungsdichte ... 111

2 Die Sozialstruktur der Bevölkerung ... 114

2.1 Die sozioökonomische Gliederung der Bevölkerung ... 114

2.2 Die religiöse Struktur der Bevölkerung ... 117

3 Die ethnische Struktur der Bevölkerung . . . 119
4 Der sozialen Wandel . . . 121
**Zusammenfassung** . . . 123

## Siedlungsstruktur der GUS-Staaten . . . 125

1 Dörfliche Siedlungen . . . 125
2 Städtische Siedlungen: Gründungsetappen und Stadttypen . . . 130
3 Moskau – die russische Hauptstadt . . . 133
4 Lemberg – westukrainische Metropole mit „Wiener Flair" . . . 138
5 Samarkand – usbekische Metropole zwischen Orient und russischer Kolonisation . . . 141
6 Nowosibirsk – russische Kolonial- und Industriestadt in Sibirien . . . 144
7 St. Petersburg – die Zarenmetropole an der Newa . . . 146
**Zusammenfassung** . . . 150

## Die ökologischen Probleme der GUS-Staaten . . . 151

1 Das Erbe der Sowjetzeit . . . 151
2 Der Zustand der Gewässer . . . 152
3 Der Zustand der Böden . . . 156
4 Der Zustand der Luft . . . 157
5 Maßnahmen zum Umweltschutz . . . 158
**Zusammenfassung** . . . 159

**Literatur** . . . 161

**Stichwortverzeichnis** . . . 163

**Abbildungsnachweis** . . . 167

# Vorwort

Liebe Schülerinnen und Schüler,

einige der Nachfolgestaaten der ehemaligen Sowjetunion gehören zu den wichtigsten Staaten Europas bzw. der Welt. Viele dieser Staaten haben das Potenzial, nach erfolgter wirtschaftlicher Erholung und politischer Stabilisierung weltweit wieder eine bedeutende Rolle zu spielen. Eine geografische Betrachtung des Raumes liefert Ihnen wichtige Erkenntnisse, um Entwicklungen und Probleme in diesem großen Erdteil besser beurteilen zu können.

Dieser Band befasst sich ausführlich mit den zwölf Republiken der „Gemeinschaft Unabhängiger Staaten", kurz GUS. Diese Staaten haben vom Russischen Reich über die ehemalige Sowjetunion bis heute eine lange gemeinsame Geschichte. Administrative und politische Struktur, Agrarwirtschaft, Industrie, Siedlungsstruktur sowie Mentalitäten und Verhaltensweisen der Bevölkerung spiegeln diese lange Gemeinsamkeit wider. Sie prägt, neben den vielfältigen naturgeografischen Faktoren und Problemen, den Raum der GUS entscheidend mit. Dieses Buch liefert Ihnen umfangreiches, abiturrelevantes Faktenwissen zu all diesen raumwirksamen Faktoren.

Das Stichwortverzeichnis am Ende dieses Bandes ermöglicht Ihnen einen schnellen Zugriff auf alle zentralen Sachverhalte. Für die weitere Recherche steht Ihnen eine Literaturübersicht zur Verfügung.

Ich wünsche Ihnen viel Freude und Erfolg bei der Arbeit mit diesem Buch!

Bormann

Dr. Manfred Bormann

# Der Naturraum

## 1 Lage und Abgrenzung

Russland und die anderen Mitglieder der **GUS (Gemeinschaft Unabhängiger Staaten)** nehmen insgesamt ein Sechstel der Festlandsfläche der Erde ein, nämlich etwa 22 Millionen km², davon Russland allein 17 Millionen. Von der Ostsee bei Königsberg (russ.: Kaliningrad) bis zum Pazifischen Ozean umfasst das Territorium von Westen nach Osten 10 000 km oder etwa 170 Längengrade von 170 °W bis 20 °O. Damit erstreckt sich das Gebiet der GUS über elf Zeitzonen. Die maximale Nord-Süd-Ausdehnung liegt bei fast 5 000 km, wobei sich der Kernbereich zwischen 50 ° und 60 °N befindet. Die GUS erreicht somit kontinentale Ausmaße.

Die Lage der GUS im Gradnetz der Erde

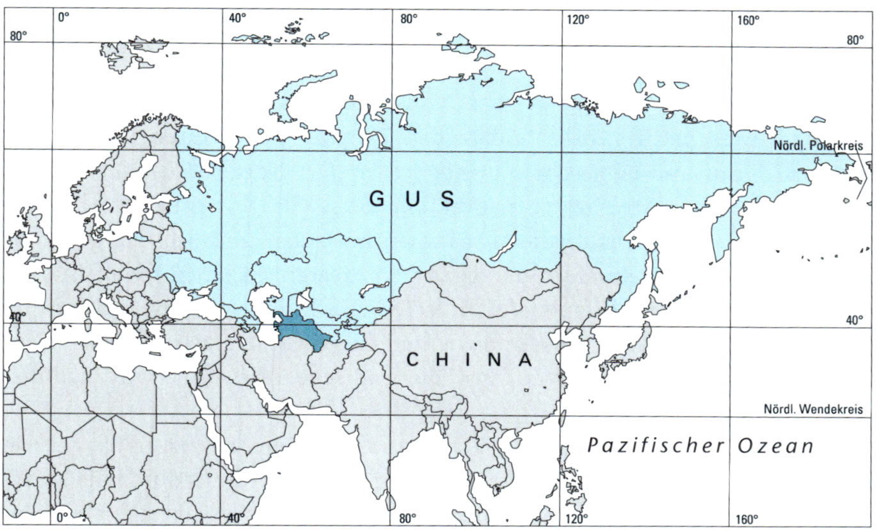

Die 1991 aufgelöste **Sowjetunion (Union der Sozialistischen Sowjetrepubliken, UdSSR)** bestand aus fünfzehn Republiken. Heute gehören der GUS zwölf offiziell souveräne Staaten an. Die drei baltischen Staaten Estland, Lettland und Litauen haben sich aus dem Bereich der ehemaligen Sowjetunion zurückgezogen und sind seit 2004 Mitglieder der **NATO** und der **EU**.

Die zwölf verbliebenen Staaten lassen sich wie folgt zusammenfassen:

- Der dominierende Staat bezüglich der Fläche, der Einwohnerzahl und des politischen und wirtschaftlichen Gewichts ist die **Russländische** oder **Russische Föderation**. Der Begriff Föderation[1] deutet bereits an, dass Russland mehrfach gegliedert ist und einen Vielvölkerstaat darstellt.
- In **Osteuropa** liegen die drei Staaten Belarus (Weißrussland), Ukraine und Moldawien (Moldau). Sie unterscheiden sich deutlich bezüglich ihrer Größe sowie ihrer politischen, kulturellen und ökonomischen Struktur.
- Zum Bereich des **Kaukasus** gehören Georgien, Armenien und Aserbaidschan. Auch zwischen diesen drei Staaten bestehen große kulturelle, ethnische und religiöse Unterschiede.
- Östlich des Kaspischen Meeres befinden sich die **mittelasiatischen Staaten** Kasachstan, Usbekistan, Kirgisistan, Turkmenistan (seit 2005 als Vollmitglied aus dem Staatenbund GUS ausgetreten, seitdem assoziiertes Mitglied) und Tadschikistan, deren Identität sich stark am Islam orientiert.

Aus geografischer Sicht kann man von einer Randlage der GUS-Staaten sprechen. Dies betrifft insbesondere den **Zugang zu offenen, „warmen" Meeren**, der oft nur eingeschränkt möglich ist. Der Norden Russlands grenzt an das zumeist vereiste Nordpolarmeer. Die Ostsee bei Königsberg und St. Petersburg ist zwar, mit häufigen Ausnahmen im Januar und Februar, größtenteils eisfrei, jedoch behindern die dänischen Meerengen einen freien Zugang zur Nordsee und zum offenen Atlantik. Durch die Selbstständigkeit der drei baltischen Staaten musste Russland wichtige Zugänge zur Ostsee abgeben. Dies gilt speziell für den Hafen von Riga. Die russische Wirtschaft wird dadurch erheblich beeinträchtigt.

Der Südwesten Russlands, die Ukraine und Georgien grenzen an das eisfreie Schwarze Meer. Eine ungehinderte Schifffahrt wird allerdings durch die Meerenge am Bosporus stark eingeschränkt. Marmarameer und Ägäis bilden weitere Hindernisse, denn dort liegt die territoriale Hoheit bei der Türkei und Griechenland.

1 siehe auch Karte zur Verwaltungsgliederung der Russischen Föderation S. 41

Ohne nennenswerte territorial-politische Hindernisse stellt sich dagegen Russlands Zugang zum Pazifischen Ozean dar. Große Bedeutung hat hier der eisfreie Hafen Wladiwostok als wichtiger Umschlagplatz zwischen Russland, China, Korea, Japan und anderen pazifischen Anrainerstaaten. Allerdings liegt Russlands Ferner Osten sehr weit von den wirtschaftlichen Aktivräumen entfernt. Dies vermindert den Nutzen des pazifischen Meereszugangs erheblich.

Die **Landwegeverbindungen** innerhalb der GUS und nach außen sind ebenfalls problematisch. Die Entfernungen zwischen den städtischen und wirtschaftlichen Zentren betragen oft ein Vielfaches der Wegstrecken in West- und Mitteleuropa. Große Teile der GUS-Staaten lassen sich auf dem Landweg nur schwer erschließen. Im Norden und Nordosten Russlands beeinträchtigen **klimatische Ungunstfaktoren** wie die extreme Kälte, in Mittelasien Wüsten die Verkehrsinfrastruktur. Schließlich behindern entlang der gesamten Südgrenzen Hochgebirge, die zumeist breitenkreisparallel verlaufen, leistungsfähige Verbindungen in die angrenzenden Staaten. Zu diesen Gebirgen zählen die Karpaten, der Kaukasus, Hindukusch, Pamir, Tian Shan, Altai, Sajan und weitere Gebirgszüge im Osten Sibiriens. Somit bleibt hauptsächlich die offene Landverbindung Richtung Westen über Polen und das Baltikum.

## 2 Geologie und Oberflächengestalt

Der Untergrund der GUS besteht zum Großteil aus präkambrischen und paläozoischen Gesteinen, die zu Plateaus abgeflacht sind. Es handelt sich dabei um die Russische Tafel und den Baltischen Schild, die man zur geologischen Formation **Fennosarmatia** zusammenfasst. Ähnliches findet sich in der Mitte Sibiriens mit dem **Angaraland**, auch einem Plateau aus dem Erdaltertum. Beide Plateaus wurden im Mesozoikum sowie im jüngeren Paläozoikum mit mächtigen, flach lagernden Sedimentdecken überzogen, während die Ränder durch immer noch andauernde Prozesse der Gebirgsbildung geprägt wurden. Die Folgen waren starke Erosion in den Gebirgen und weitflächige Sedimentation in den davor befindlichen Senken.

Den Raum der GUS prägen drei großräumige **Landschaftstypen:**

- ausgedehnte Tieflandsbereiche und Becken,
- weite Gebirgszonen und
- hohe Randgebirge im Süden.

## Die wichtigsten Landschaftseinheiten der GUS-Staaten

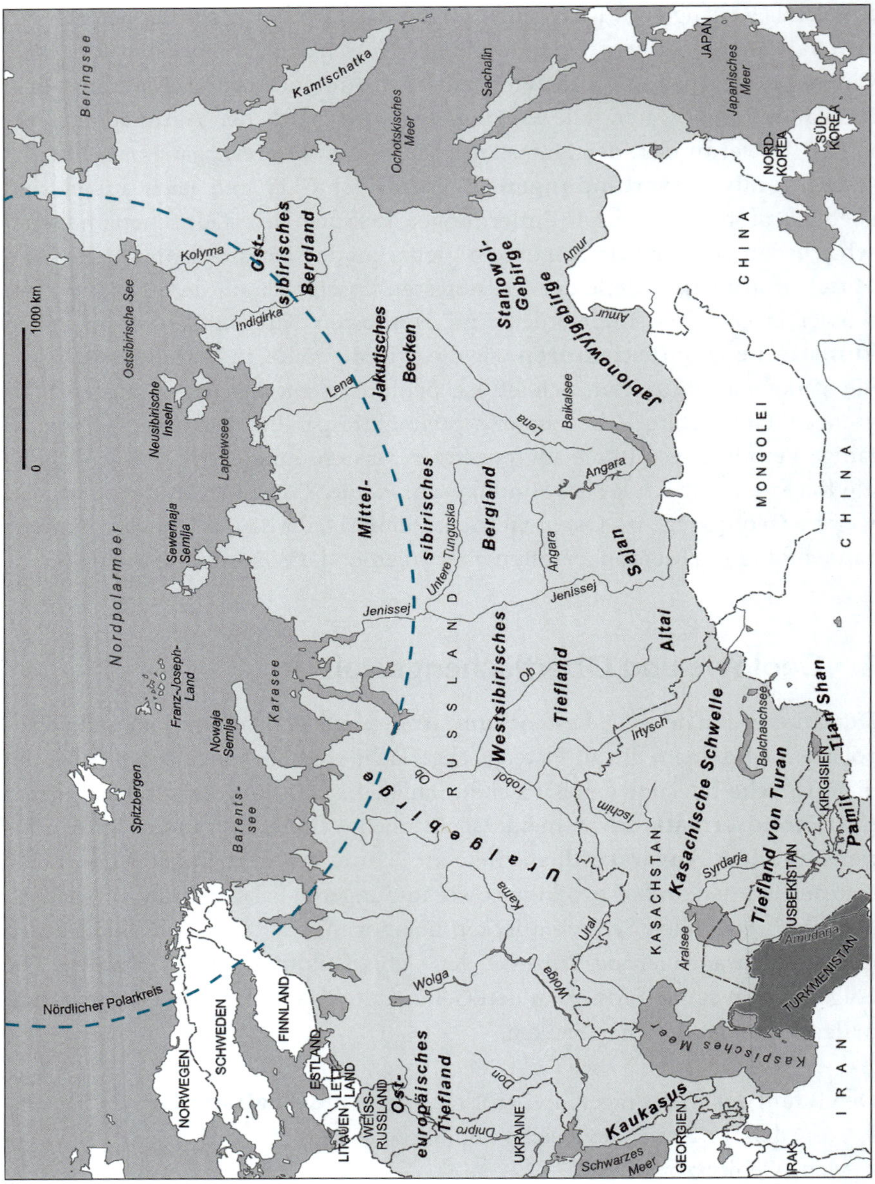

## Tiefländer und Becken

Bei den Tiefländern handelt es sich um das Osteuropäische Tiefland, das Westsibirische Tiefland sowie das Tiefland von Turan. Hinzu kommt noch das Jakutische Becken im Osten Russlands.

Das **Osteuropäische Tiefland** kann man als Fortsetzung des Norddeutschen Tieflandes nach Osten ansehen. Den Norden des Osteuropäischen Tieflandes prägen – glazial bedingt – viele Seen, Moränen und Rundhöcker, die das Eis hinterlassen bzw. abgeschliffen hat. Verlässt man Karelien und die Gegend um St. Petersburg nach Süden, entfaltet sich der klassische Formenschatz der glazialen Serie: Grundmoränen, Endmoränen, Sanderflächen und Urstromtäler. Nach Süden in Richtung des Schwarzen Meeres überzieht eine zum Teil mehrere Hundert Meter mächtige Lössbedeckung die Gesteine. Sie bildet die Basis für die große Bodenfruchtbarkeit besonders in der Ukraine mit ihren weitflächigen Schwarzerden. Der gesamte Bereich des Tieflandes weist nur geringe Höhenunterschiede auf. Die großen Flüsse, die ins Schwarze Meer münden, haben aber teilweise tiefe Schluchten und Einkerbungen herausgearbeitet, sodass sie von mächtigen Steilufern begleitet werden.

Das **Westsibirische Tiefland**, ursprünglich ein Becken zwischen den alten Platten in Osteuropa und Sibirien, ist morphologisch das Werk der Aufschüttung durch die westsibirischen Flüsse. Die großen Flusssysteme des Ob (mit seinem Nebenfluss Irtysch) und des Jenissej füllten während des Tertiärs und Quartärs mit ihren Ablagerungen diese über 3 Millionen km$^2$ große Senke. Somit liegt jetzt dieses Tiefland im Mittel 100–140 m hoch. Die Abflachung nach Norden ist jedoch so gering, dass zum Beispiel der Ob im Tieflandsgebiet auf 1 000 km nur ein Gefälle von 60 m hat. Verbunden mit der langen Vereisung im Norden des Gebietes, die den Abfluss der Schmelzwässer im Frühjahr verhindert, führt dies zu häufigen weitflächigen Überschwemmungen. Großräumig bilden sich Sümpfe und Moore.

Die **Kasachische Schwelle** trennt das Westsibirische Tiefland im Süden vom **Tiefland von Turan**. Auch dieses Becken wurde in der jüngeren Erdgeschichte durch die Sedimentation der in die Region fließenden Flüsse aufgefüllt. Das Kaspische Meer und der Aralsee sind Überreste ursprünglich viel weiter ausgedehnter mariner Gebiete.

Den vierten und kleinsten Tieflandsbereich bildet das **Jakutische** oder **Lenabecken**. Es liegt zwischen dem Mittelsibirischen und dem Ostsibirischen Bergland, wo die Lena ein so weites Tal geformt hat, dass man von einem Becken sprechen kann. Aufschüttungen durch die Lena, besonders nach Westen hin, prägen diese relativ flache Landschaft.

## Gebirgszonen

Bei den Gebirgszonen sind das Mittelsibirische Bergland und das Ostsibirische Bergland zu nennen. Die Basis des **Mittelsibirischen Berglandes** bildet das alte Angaraland. Dieses wurde mit einer mächtigen Ablagerungsschicht bedeckt. Die Ränder im Westen und Norden wurden teilweise angehoben. Große Flüsse wie die Untere Tunguska haben sich tief in die Hochplateaus eingeschnitten und verleihen der Mittelgebirgslandschaft ein abwechslungsreiches Aussehen.

Das **Ostsibirische Bergland** wird von Hochgebirgsketten und dazwischen liegenden Flusstälern geprägt. Die Faltengebirge sind im Mesozoikum und Känozoikum durch das Aufeinandertreffen der eurasischen mit der pazifischen Platte entstanden. Der östlichste Teil dieses Berglandes weist daher vulkanische Strukturen auf, besonders im Bereich der Halbinsel Kamtschatka. Die nördlichen Zonen beider Bergländer wurden durch die Eiszeiten geprägt und besitzen einen glazialen Formenschatz.

Der Mittelgebirgszug des **Ural** erstreckt sich, Europa und Asien trennend, von Norden nach Süden durch Russland. Er stellt aufgrund seiner relativ geringen Höhen (höchster Gipfel 1 894 m, ansonsten meist um 1 500 m) nur begrenzt ein Hindernis zwischen den europäischen und asiatischen Teilen Russlands dar.

## Südliche Randgebirge

Zu den hohen Randgebirgen gehören von West nach Ost die Karpaten, der Kaukasus, Hindukusch, Pamir, Tian Shan, Altai, Sajan, das Jablonowyjgebirge sowie das Stanowoigebirge. Sie bilden gleichzeitig die südliche Begrenzung der GUS-Staaten. Es handelt sich um überwiegend junge Faltungen aufgrund des Zusammenstoßes verschiedener Erdplatten. Die Höhen liegen oft bei 3 000 bis 4 000 m, im Pamir gar bis 7 000 m. Die Gebirge wirken wie Barrieren und haben so große klimatische Auswirkungen. Die Zone ist darüber hinaus durch starke Erdbebentätigkeit gekennzeichnet. Der Kaukasus weist auch vulkanische Aktivität auf.

# 3 Das Klima der GUS-Staaten

## Hauptklimazonen und Klimatypen

Das Klima der GUS-Staaten lässt sich mehreren Hauptklimazonen der Erde zuordnen. Die folgenden Ausführungen beziehen sich auf die zonale Gliederung nach Ernst Neef (s. Karte S. 12). Nach dieser gehört der äußerste Norden Russlands, d. h. die Inseln Nowaja Semlja, Sewernaja Semlja und die Neusibirischen Inseln, zur **polaren Klimazone**. In dieser Zone herrscht nahezu ewiger Frost, auch in den Sommermonaten. Die geringe Sonnenwärme reicht nicht aus, um Schnee und Eis der kalten Jahreszeit schmelzen zu lassen. Manche Bereiche wie die Nordhälfte von Nowaja Semlja sind deshalb ganzjährig stark vergletschert. Auch im Sommer bedeckt Meereis weite Teile des Nordpolarmeeres, sodass Eisbrecher eine Schiffspassage von Juni bis August offen halten müssen. Die Niederschläge sind gering und fallen meist als Schnee.

Nach Süden schließt sich ein mehrere Hundert Kilometer breiter Streifen **subpolaren Klimas** an. Dieser Streifen beginnt östlich von Murmansk und reicht bis zur Beringsee im Osten. Das Klima ist hier durch lange und kalte Winter gekennzeichnet, auf die kurze und kühle Sommer von zwei bis drei Monaten Dauer folgen. Der Boden wird dann schnee- und eisfrei, taut jedoch oft nur oberflächlich auf. Die Niederschlagsmenge ist relativ gering und gleichmäßig über das Jahr verteilt. Die Übergänge zwischen Sommer und Winter sind sehr abrupt und kurz.

Der überwiegende Teil der GUS-Staaten liegt nach der Neef'schen Einteilung in der **gemäßigten Klimazone**, wobei für den Bereich der GUS-Staaten eine weitere Unterteilung in drei Bereiche vorgenommen werden kann. Der nördliche Teil, der unmittelbar südlich an den Bereich der subpolaren Zone angrenzt, beginnt im Westen zwischen St. Petersburg und Archangelsk und setzt sich um 60° n. Br. bis zur Beringsee fort. Es handelt sich um den Bereich des **kühlen Kontinentalklimas**, in dem kühlgemäßigte und überwiegend humide Verhältnisse vorherrschen. Die Kontinentalität nimmt von West nach Ost deutlich zu. Dies geht einher mit immer kälteren und längeren Wintern, jedoch relativ warmen Sommern, die nach Osten hin kürzer werden. Alle Jahreszeiten sind noch deutlich ausgeprägt, wobei die Übergänge zwischen Winter und Sommer nach Osten hin extrem kurz werden.

Der südliche Bereich der gemäßigten Zone beginnt im Westen am Schwarzen Meer. Er verläuft dann, die südlichen GUS-Staaten einbeziehend, bis zum Baikalsee. Neef spricht hier von **„sommerheißem Kontinentalklima mit Frühjahrsregen"**. Auch in dieser Zone nimmt die thermische Kontinentalität von West nach Ost zu (d. h. die Temperaturschwankungen und -extrema werden ausgeprägter), während umgekehrt die hygrische Kontinentalität (d. h. die Menge der Niederschläge) abnimmt. Kennzeichnend für diese Zone ist ferner, dass die Temperaturen nach Süden hin ansteigen, während die Niederschläge so weit zurückgehen, dass Trockengebiete entstehen und Wüsten sich bilden.

Im Osten Sibiriens, besonders im südlichen Teil der pazifischen Küsten Russlands und im östlichen Teil des Amurgebietes, herrscht das **Ostseitenklima der Kontinente**. Kühle bis kalte und niederschlagsarme Winter werden durch feuchte und relativ warme Sommer abgelöst.

Südlich der Zone des gemäßigten Klimas gibt es einen schmalen Bereich, in dem ansatzweise **subtropisches Winterregenklima** vorherrscht. Hierbei handelt es sich um die nach Süden ausgerichteten Hänge des Gebirges auf der Halbinsel Krim im Schwarzen Meer sowie um die Südhänge des Kaukasus in Richtung Schwarzes Meer. In beiden Bereichen sind die Winter mild (nahezu frostfrei) und feucht, während die Sommer teilweise sehr warm und eher trocken ausfallen, also die Aridität zunimmt. Eine ausgeprägte sommerliche Dürrezeit existiert jedoch kaum.

Die südlichen Grenzregionen der GUS-Staaten werden durch hohe Gebirge gekennzeichnet. Dies hat auch einen eigenen Klimatyp zur Folge, nämlich die verschiedenen Stufen des **Hochgebirgsklimas**. Hier treten mit zunehmender Höhe Veränderungen der Atmosphäre ein, wobei besonders die Abnahme der Temperaturen zu erwähnen ist.

## Klimatische Gunst- und Ungunsträume

Fasst man die klimatischen Gegebenheiten zusammen, so ergeben sich folgende allgemeinen Merkmale:

- Die **Kontinentalität** nimmt von West nach Ost extrem zu und geht erst wieder an der pazifischen Küste zurück. Dies bedeutet, dass prinzipiell die Niederschlagsmengen von West nach Ost abnehmen, während Temperaturschwankungen und -extrema von West nach Ost zunehmen. Erst im Fernen Osten mildern sich beide Erscheinungen ab.
- Aufgrund der Kontinentalität und der topografischen Gegebenheiten verlaufen die Isothermen im Hochsommer näherungsweise breitenkreisparallel, während sie zum Winter hin eher den Meridianen folgen. Dies hat zur Folge, dass die Winter von Südwest nach Nordost länger und kälter ausfallen. Die zwar teilweise relativ warmen, aber kurzen Sommer im Nordosten können das Wärmedefizit nicht ausgleichen. Somit gehört fast die gesamte Nord-

osthälfte Russlands zu einem Gebiet, in dem **Dauer-** oder **Permafrost**, also ständige Bodengefrornis, herrscht.

- Fast alle mittelasiatischen GUS-Staaten und der Süden Russlands leiden unter zu geringen Niederschlägen, während gleichzeitig die hohen Temperaturen hohe Verdunstungsraten mit sich bringen.
- Auch die Hochgebirgszonen gelten als klimatische Ungunsträume.
- Somit bleiben zwei kleinere und ein größerer klimatischer **Gunstraum** für den Bereich der GUS: der mediterran geprägte schmale Küstensaum am Schwarzen Meer, der gemäßigte sommerfeuchte Bereich am Pazifik und besonders das große Areal des sogenannten **„Atlantischen Keils"**. Hierunter versteht man das Territorium, das sich in der Form eines Dreiecks zwischen den „Eckpunkten" St. Petersburg, Odessa am Schwarzen Meer und Irkutsk am Baikalsee befindet. In diesem Gebiet, das größtenteils noch atlantische Klimaeinflüsse aufweist, fallen grundsätzlich genügend Niederschläge und die Temperaturen sind nicht zu extrem, um das Wirtschaften des Menschen zu sehr zu behindern. Diese Aussage ist jedoch insofern zu relativieren, als sie die Verhältnisse in der gesamten GUS als Ausgangspunkt nimmt; im Vergleich zu Mittel- oder Westeuropa ist auch das Klima im Atlantischen Keil noch als ungünstig einzuschätzen.

Zusammengefasst ergibt sich, dass das Klima in den GUS-Staaten oft als zu kalt, zu trocken oder aufgrund der Höhenlage als ungünstig angesehen werden muss. Diese klimatische Ungunst trifft vor allem Russland und die mittelasiatischen Staaten, während die Ukraine, Weißrussland, Moldawien und Teile des Kaukasus relativ günstige Bedingungen aufweisen.

## Ursachen der unterschiedlichen klimatischen Ausprägung

Die Ursachen für das unterschiedliche Klima der GUS-Staaten sind vielfältig. Faktoren wie die Lage im Gradnetz der Erde, die planetarische Zirkulation und topografische Gegebenheiten wirken zusammen und gestalten das Klima. Die **riesige Landmasse** verursacht an sich schon eine deutliche **Kontinentalität**. Einflüsse großer Meere treten nur sehr begrenzt auf und sind am ehesten noch in den europäischen GUS-Staaten spürbar. Hier wirken Strömungen, die vom Atlantik kommen, noch weit ins Landesinnere hinein. Dieser Effekt nimmt jedoch nach Osten hin ab. Dass atlantische Luftmassen so weit nach Osten vordringen – innerhalb des „Atlantischen Keils" sogar bis zum Baikalsee – liegt an der Lage mancher GUS-Staaten in den mittleren Breiten und der dort vorherrschenden **Westwindzone** zwischen der subtropischen Hochdruckzone und der subpolaren Tiefdruckrinne. Begünstigend kommt hinzu, dass diese westliche Strömung nicht durch von Nord nach Süd verlaufende hohe Gebirgsschranken beeinträchtigt wird. Das Ural-Gebirge spielt in diesem Kontext nur eine geringe Rolle, hat es doch überwiegend Mittelgebirgscharakter.

Die große Landmasse führt allerdings auch dazu, dass die atlantischen Luftströmungen mit ihrer Ostverlagerung prinzipiell an Feuchtigkeit verlieren. Sie kühlen sich im Winter ab und erwärmen sich im Sommer besonders in den südlichen Bereichen relativ schnell. Die Übergangsjahreszeiten Frühling und Herbst sind immer schwächer ausgeprägt, je weiter man nach Osten kommt.

Die sommerliche Nordverlagerung des subtropischen Hochdruckgürtels beeinflusst die südlichen Teile der GUS-Staaten recht stark. Damit verbunden sind stabile, trockene und warme Wetterlagen. Durch die **hohe Einstrahlung** ist zudem der Grad der Verdunstung hoch, was in großen Teilen der mittelasiatischen Staaten zu Wüstenbildungen führt. Am Nordrand des Schwarzen Meeres herrscht mediterran geprägtes Klima mit sehr warmen, trockenen Sommern sowie feuchten und milden Wintern vor.

Die Wüstenbildungen im mittleren Asien hängen auch mit **topografischen Gegebenheiten** zusammen. Die hohen Randgebirge grenzen die südlichen GUS-Staaten sehr deutlich von klimatischen Einflüssen aus Südasien ab. Dadurch wird ein Luftmassenaustausch mit dieser Region erschwert, sodass kaum feuchte Luft den Weg nach Norden findet. Niederschläge regnen sich bei einer südlichen Strömung an den Hängen der Gebirge ab.

Anderseits sind fast alle Teile der GUS-Staaten, auch die mittelasiatischen, im Winter kalten nördlichen Luftströmungen ausgesetzt. Diese können mangels hoher Gebirgsschranken in den nördlichen Bereichen ungehindert vom Nordpolarmeer nach Süden vordringen und tragen so zur Auskühlung des Kontinents bei.

Des Weiteren sind die GUS-Staaten vom **Einfluss warmer Meere** abgeschnitten. Monsunale Luftmassen vom Indischen Ozean können wegen hoher Gebirge das Gebiet kaum erreichen. Die „Warmwasserheizung“ des **Golfstroms** aus dem Atlantik verliert nach Osten hin an Wirksamkeit. Die Ostsee kühlt im Winter so sehr aus, dass sie in den nördlichen Bereichen häufig zufriert. Vom Nordpolarmeer bewegen sich ganzjährig kalte Luftmassen in den Kontinent. Der Pazifik entfaltet in Ostsibirien zwar eine gewisse ausgleichende Wirkung. Diese bleibt jedoch schon wegen der hohen Randgebirge im Osten nur auf den pazifischen Küstenstreifen beschränkt.

Für den Fernen Osten muss noch eine grundlegende Auswirkung der **planetarischen Zirkulation** erwähnt werden. Im **Sommer** verschiebt sich die **subtropische Hochdruckzone** im Gebiet zwischen 30° und 40° n. Br. **nach Norden**. Dadurch entsteht in Ostasien eine südliche bis südöstliche Luftströmung, die auch den Osten Sibiriens erreicht. Die damit verbundenen feucht-warmen, labilen Luftmassen verursachen nicht nur höhere Temperaturen, sie bringen auch die vermehrten Sommerniederschläge des Ostseitenklimas mit sich.

Im **Winter** hingegen verschiebt sich dieses subtropische Hoch nach Süden und verliert seinen Einfluss auf den Osten Russlands. Dann entsteht über dem Inneren Asiens und dem Kern Sibiriens ein **starkes, stabiles Kältehochdruckgebiet** mit einem Kerndruck von oft über 1 050 hPa. Nahezu ganz Sibirien, die mittelasiatischen Staaten und auch die europäischen Teile der GUS werden davon beeinflusst. Aus diesem Hochdruckgebiet strömen dann im Uhrzeigersinn kalte Luftmassen. Im Fernen Osten kommen diese Winde aus Nordwest, in Mittelasien aus Nordost, im Westen Sibiriens und in den europäischen Gebieten aus Osten. Die Ausbildung des Hochdruckgebietes hängt von mehreren Faktoren ab:

- Die riesige Landmasse Asiens verhindert zusammen mit den hohen Randgebirgen, dass wärmere Luftmassen bis Sibirien vordringen.
- Die Sonneneinstrahlung ist in den Wintermonaten so gering, dass sich das Hochdruckgebiet durch kalte Luft immer wieder regenerieren kann.
- Die lange Schnee- und Eisbedeckung dieses Raumes bewirkt zusätzlich, dass Strahlungswärme schnell wieder in die oberen Schichten der Atmosphäre entweicht. Ferner wird ein Wärmeaustausch mit dem Boden unterbunden.

## Die Klimazonen des GUS-Raumes nach E. Neef

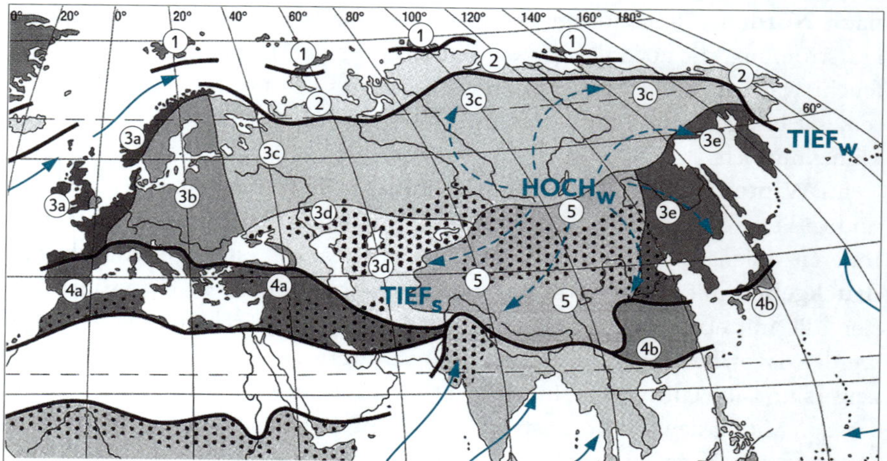


**Polare Klimazone**

- ① Polarklima

**Subpolare Klimazone**

- ② subpolares Klima

**Gemäßigte Klimazone**

- ③a maritimes Westseitenklima
- ③b Übergangsklima
- ③c kühles Kontinentalklima
- ③d sommerheißes Kontinentalklima mit Frühjahrsregen
- ③e Ostseitenklima

**Subtropische Klimazone**

- ④a Winterregenklima der Westseiten
- ④b subtropisches Ostseitenklima

- ⑤ Hochgebirgsklimate
- Trockengebiete
- HOCH$_W$, TIEF$_W$: Druckgebiete (Winter)
- TIEF$_S$: Druckgebiete (Sommer)
- → Luftströmungen (ganzjährig, sowie Sommer)
- - - → winterliche Luftströmungen

Maßstab 1 : 140 000 000

## Ausgewählte Klimastationen des GUS-Raumes (in Klammern: Klimazone nach E. Neef)

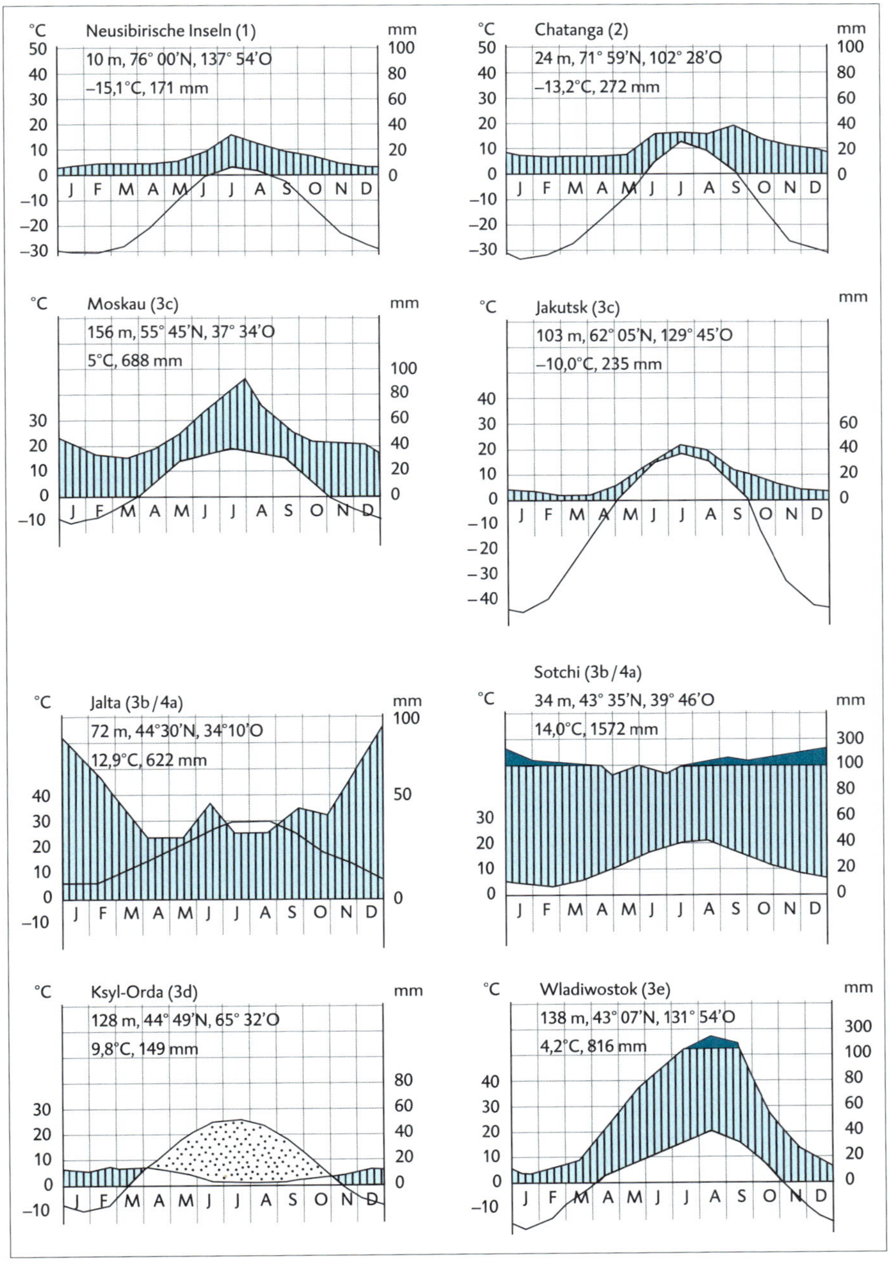

# 4 Böden und Vegetation

## Bodenausstattung

Böden und Vegetation folgen nahezu einer zonalen, d. h. mehr oder weniger breitenkreisparallelen Gliederung. Die hohen Gebirge unterbrechen die zonale Abfolge und sorgen für eigene Zonen, die annähernd meridional verlaufen. Im gesamten Nordosten des Gebietes tritt flächen- oder inselhaft **Dauerfrostboden (Permafrostboden)** auf. Die Grenze verläuft etwa entlang einer Linie Archangelsk (im Norden des europäischen Russlands) Richtung Krasnojarsk westlich des Baikalsees.

Die Verbreitung des Dauerfrostbodens in Sibirien

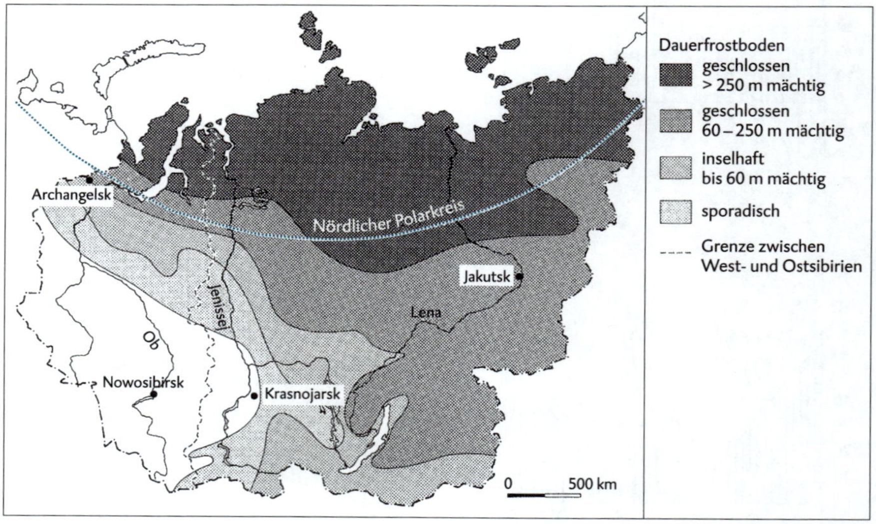


Die **Bodentypen**[2] im Bereich der GUS-Staaten lassen sich wie folgt gliedern:

- Der Norden Russlands von der Halbinsel Kola bis zur Tschuktschen-Halbinsel im äußersten Nordosten weist **Tundrenböden** auf. Dieser Bereich ist teilweise mehrere Hundert Kilometer breit. Das Ausgangsgestein ist meist kaum verwittert und die Böden darüber oft nur wenige Zentimeter mächtig. Dabei findet sich auf etwas erhöhten und eher trockenen Flächen ein flacher und filziger Rohhumushorizont. In Niederungen herrschen Tundrengleye

2 Unter Bodentypen versteht man Böden mit einer bestimmten Horizontabfolge. Die Bodenart beschreibt dagegen die Zusammensetzung des Bodens nach Korngrößengruppen (also z. B. Tonboden, Sandboden).

vor, also Stauwasserböden mit anmoorig-nassen und dünnen humosen Horizonten, die der sich in der sommerlichen Auftauschicht bildenden Stauwasserzone entsprechen. Darunter beginnt, oft schon nach einigen Dezimetern, der Permafrostbereich. Moore und kleine Torfhügel treten in solchen Gebieten vermehrt auf. Die Tundrenböden sind nur wenig fruchtbar.

- Nach Süden schließt sich ein breiter Streifen mit **Podsolen (Bleicherde, Ascheboden)** an. Dieser Bereich erstreckt sich von West nach Ost über das gesamte Gebiet, beginnend zwischen der Nordgrenze Finnlands und der nördlichen Ukraine im Süden und bis zum Pazifik reichend. Nur die hohen Gebirgszüge unterbrechen diese größte Bodenzone der GUS-Staaten.
  Typisch für den Podsol ist, neben einer oft mächtigen, stark sauren Rohhumusauflage, der an Nährstoffen extrem verarmte, relativ dünne humose Horizont, die starke Auswaschung und die meist gering ausgeprägte Fähigkeit, Wasser zu speichern. Im Unterboden kann sich durch Eisen- und Huminstoffanreicherung eine harte, für Pflanzenwurzeln weitgehend undurchdringliche Schicht, der sogenannte Ortstein, bilden. Bei starker Verdichtung führt der Ortstein zu Staunässe. Insgesamt ist dieser Bodentyp wenig fruchtbar, was durch intensive Düngung und Kalkung nur zum Teil ausgeglichen werden kann.

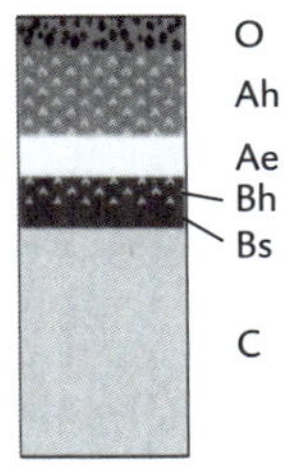

Podsol

- Verlässt man das Gebiet des Podsolbodens, beginnt eine 200 bis 400 km breite Zone mit **grauen und braunen Waldböden**. Auch diese Bodentypen erstrecken sich wiederum von West nach Ost, wobei ihre letzten Ausläufer am Baikalsee zu finden sind. Sie sind relativ fruchtbar, denn sie haben durch den Abbau der leicht zersetzbaren Laubstreu einen recht mächtigen humosen Horizont erhalten. Allerdings können bei fortschreitender Bodenversauerung feine, nährstoffreiche Bodenbestandteile durch Auswaschung und Tonverlagerung **(Lessivierung)** in die unteren Bodenhorizonte verlagert werden, sodass unter Umständen die Bodenfruchtbarkeit zurückgeht.
- Den Großteil der Ukraine, den Süden Russlands sowie den Norden Kasachstans bedecken **Schwarzerden (Tschernoseme)**. Sie sind oft auf Lössablagerungen entstanden und gehören zu den fruchtbarsten Bodentypen überhaupt. Bis 100 cm mächtige humose Horizonte, kalkhaltige Lockersedimente, Krotowinen (materialgefüllte Gänge von Bodenwühlern), gute Durchlüftung und hohes Wasserhaltevermögen ohne Staunässe sind die Kennzeichen dieses Bodentyps.

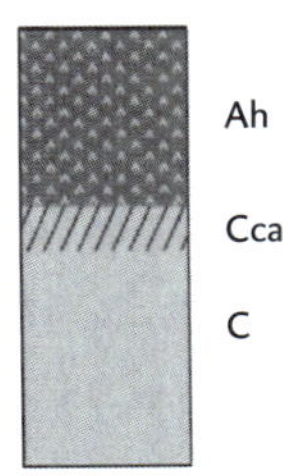

Tschernosem

In großen Teilen Kasachstans sowie am Nord- und Westufer des Kaspischen Meeres finden sich **kastanienfarbene Böden (Kastanoseme)**. Diese sind insgesamt auch fruchtbar, verfügen jedoch über weniger humose Bestandteile als die Schwarzerden, da die Pflanzenproduktion wegen der größeren Trockenheit in diesen Gebieten eingeschränkt ist. Vielfach weist der Oberboden zudem krustenähnliche Kalkanreicherungen auf.

- Schließlich erstreckt sich im äußersten Süden der mittelasiatischen Staaten ein Gebiet mit **Wüsten- und Halbwüstenböden**. Aufgrund der großen Trockenheit und des wenig vorhandenen Pflanzenwachstums bilden sich kaum humose Horizonte. Steine, Kiese und Sande dominieren, sodass diese Böden unfruchtbar sind und man zum Teil gar nicht mehr von „Boden" im eigentlichen Sinne sprechen kann.
- In den hohen Randgebirgen findet man den Typ des **Gebirgsbodens**. Das felsige, steile Relief ist nur selten mit fruchtbaren Böden überzogen. In den Gebirgstälern finden sich hingegen oft durch Sedimentation entstandene fruchtbare Aueböden.

Fasst man die Bodenabfolge in den GUS-Staaten zusammen, so zeigen sich Parallelen zu den Klimazonen. Die Böden in den nördlichen Gebieten sind eher unfruchtbar und können als Folge der dauernden Gefrornis oft gar nicht genutzt werden. In den südlichen Landesteilen beeinträchtigen die Wüstenböden die Nutzbarkeit des Areals ebenfalls sehr stark. Gleiches gilt auch für die Gebirgsböden. Somit bleibt eine **fruchtbare Zone** im Bereich der **Schwarzerden, Braunerden** und **Kastanoseme** (Letztere nur im nördlichen Gebiet). Gemessen an der Gesamtfläche umfasst diese etwa 15 bis 20 %. Anders ausgedrückt: Etwa vier Fünftel der Fläche der GUS-Staaten sind aus bodenkundlicher Sicht für eine intensive agrarische Nutzung als wenig oder nicht geeignet anzusehen.

## Die Verbreitung der Bodentypen des GUS-Raumes

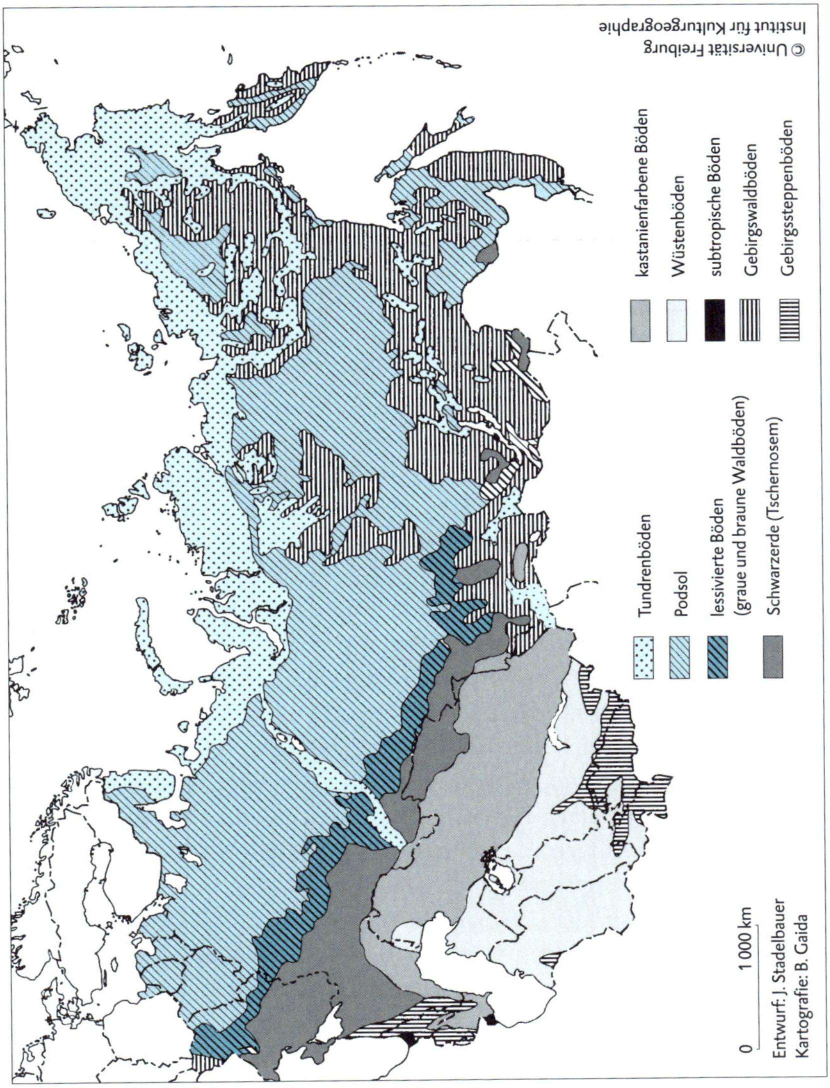

## Die Vegetationszonen

Klima, Böden und topografische Gegebenheiten bilden die Grundlage für die potenzielle natürliche Vegetation. Ähnlich den Klima- und Bodenzonen verlaufen die **Vegetationszonen** in den GUS-Staaten von Nord nach Süd im Wesentlichen **breitenkreisparallel.**

Der äußerste Norden Russlands ist im strengen Sinne keiner Vegetationszone zuzuordnen, denn in der **polaren Kältewüste** kann sich kaum Vegetation entfalten. Die weiter südlich folgende **Tundra** kann somit als die nördlichste Vegetationszone angesehen werden. Sie erstreckt sich in einem eher schmalen Streifen an der Küste des Eismeeres praktisch auf der gesamten Distanz zwischen Murmansk und der Tschuktschen-Halbinsel im äußersten Nordosten. Typisch für den Pflanzenbestand sind Flechten, Moose und Gräser. Bäume existieren im Kernbereich der Tundra aufgrund der widrigen klimatischen Gegebenheiten nicht.

In den Tiefebenen der subpolaren Zone schließt sich nach Süden ein schmaler Streifen **Waldtundra** an. Diese Pflanzenformation an der polaren Waldgrenze umfasst neben den typischen Tundrengewächsen meist sehr lichte Ansammlungen von Moorbirken, Fichten und Kiefern, die häufig nur als Krüppelformen ausgebildet sind. Zuweilen kommen Wacholder und Zwergbirken hinzu. Diese Vegetationszone kann als Übergangsbereich zwischen der Tundra und der folgenden **Taiga**, dem borealen Nadelwald, angesehen werden. Die Taiga erstreckt sich in einem breiten Streifen zwischen St. Petersburg und Murmansk im Westen bis östlich von Jakutsk. Die Südgrenze verläuft etwa nördlich von Jekaterinburg, Nowosibirsk und Irkutsk. Die Taiga stellt die flächenmäßig größte Vegetationszone Russlands dar. Die teilweise urwaldartigen Nadelwaldformationen bestehen aus Fichten, Lärchen, Kiefern und Tannen. Häufig ist das Gelände versumpft, was auch damit zusammenhängt, dass die Taiga größtenteils im Bereich des Permafrosts liegt, der den Boden sozusagen „plombiert" und das Eindringen und Versickern von Wasser verhindert. Die Humusbildung ist begrenzt und konzentriert sich auf den sehr langsamen Abbau der schwer zersetzbaren Nadelstreu.

In einem Dreieck zwischen St. Petersburg, Kiew und östlich von Moskau erstreckt sich die Vegetationszone des **Mischwaldes**. Hier wechseln sich Nadelgehölze mit Laubwäldern ab. Die Böden werden allmählich fruchtbarer und das Klima gemäßigter. Auf den schlechteren Podsolböden sind Nadelwälder, auf den günstigeren Braunerden dagegen Laubbäume zu finden.

Südlich davon beginnt die relativ breite Zone der **Waldsteppe**, einer Vegetationszone mit dominantem Grasbewuchs, jedoch noch einem deutlichen

Anteil von Laubwäldern bzw. -bäumen. Dieser Bereich findet sich überwiegend im Gebiet der Schwarzerden mit Lössbedeckung. Im Süden Russlands und im Norden Kasachstans wandelt sich die Waldsteppe allmählich zu einer reinen **Steppe**, also einer baumlosen Graslandschaft, da wegen der zunehmenden Trockenheit die natürlichen Bedingungen für den Baumwuchs immer schlechter werden.

Der Süden Kasachstans sowie der größte Teil der Tiefländer der mittelasiatischen Staaten sind durch **Halbwüsten** und **Wüsten** geprägt. Eine nennenswerte Vegetation außerhalb von bewässerten Gebieten ist hier selten anzutreffen. Fallen Niederschläge, bildet sich relativ schnell ein üppiger Pflanzenbewuchs, der jedoch nach langen Trockenzeiten wieder verschwindet.

Am Schwarzen Meer findet sich **subtropische Vegetation mediterranen Typs**, die der sommerlichen Trockenheit und Wärme trotzen kann. Hierzu zählen Hartlaubgewächse, Kiefern und Pinien.

Die **Hochgebirgszonen** verfügen je nach Höhen- und Breitenlage über eine **eigene Vegetation**, die den jeweiligen Bedingungen angepasst ist.

Die polare Eiswüste, die Tundren, Teile des borealen Nadelwaldes und die Wüstenregionen sind durch menschliche Einwirkungen insgesamt nur wenig verändert worden und noch heute weithin in ihrem ursprünglichen Zustand erhalten. Der Hauptgrund hierfür ist die klimatische Ungunst, die das menschliche Wirtschaften stark behindert. Die anderen Vegetationszonen der GUS wurden vom Menschen umfassend und tief greifend umgestaltet, sodass ihre ursprüngliche Vegetation oft nur noch in Resten erhalten geblieben ist: Die meisten Mischwälder wurden gerodet und in Siedlungsflächen oder Ackerland umgewandelt, die Steppen vorrangig für extensiven Getreideanbau genutzt. Auch der Bestand der Taiga geht in manchen Gebieten stark zurück, was auf übermäßige Abholzungen und das durch Industrieemissionen und sauren Regen verursachte Waldsterben zurückzuführen ist.

Die Vegetationszonen im Raum der GUS-Staaten

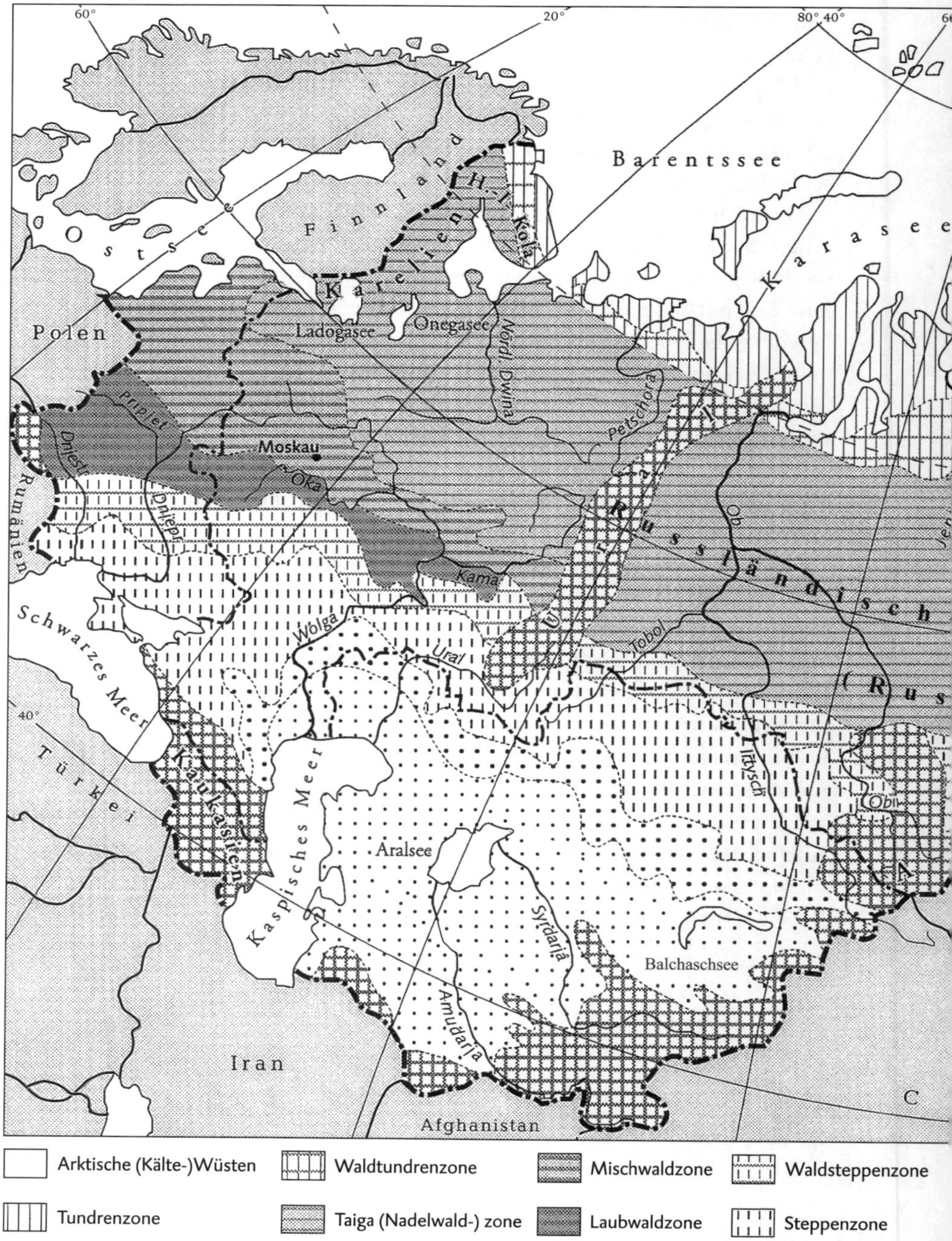

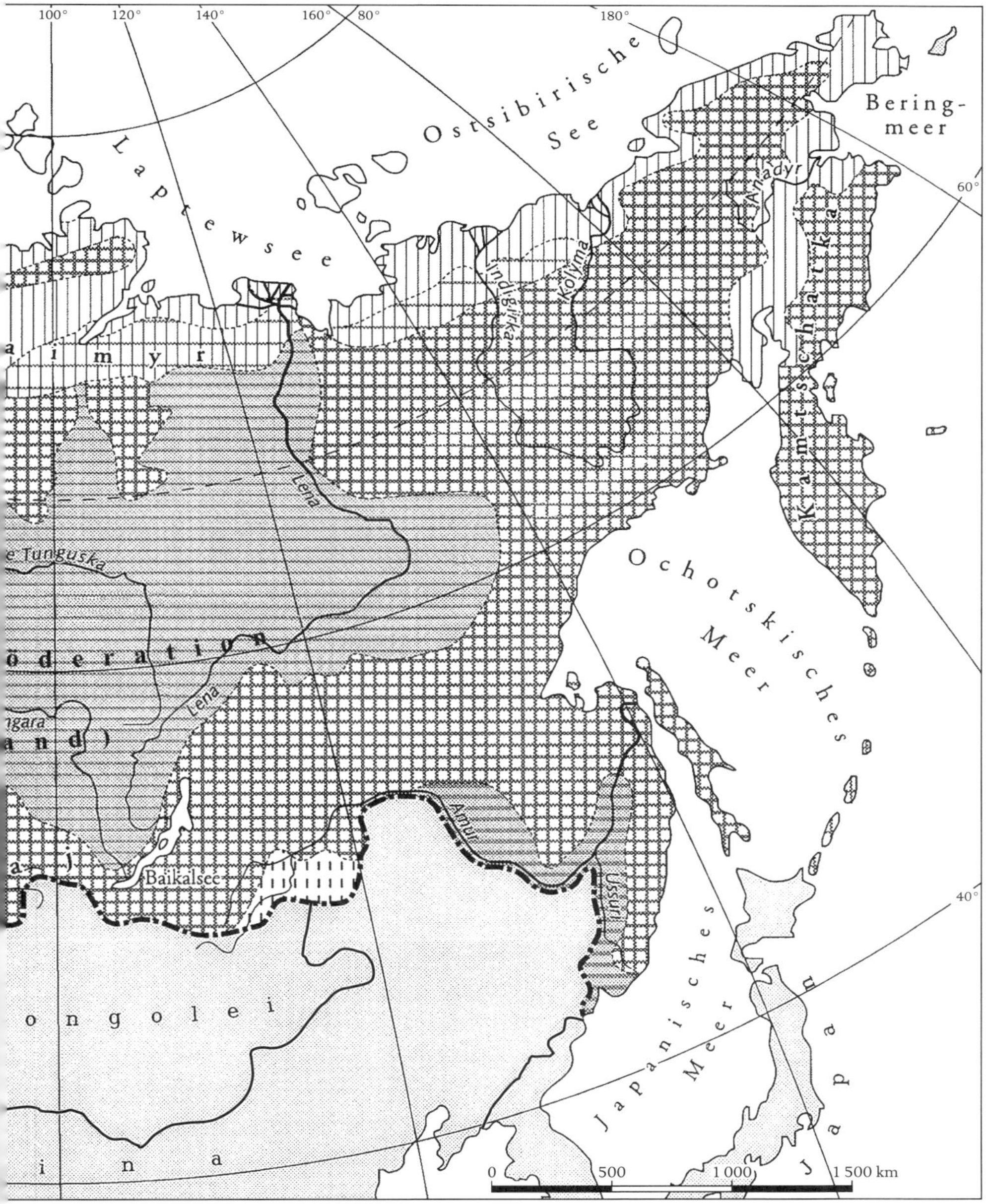


Halbwüstenzone

Wüstenzone

Mittel- und Hochgebirge mit vertikaler Zonalität der Landesnatur

Grenze der ehemaligen Sowjetunion

Grenze Russlands

Grenze der Nachbarstaaten

## 5 Gewässer

Das Gewässernetz der GUS-Staaten lässt sich in die großen Flüsse, die angrenzenden Meere und die Binnenseen unterteilen. Das bedeutendste Gewässerpotenzial bilden die großen Flusssysteme mit ihren Einzugsgebieten.

Die **Ostsee** verfügt über das kleinste Einzugsgebiet. Nur 2–3 % der jährlichen Abflussmenge der Flüsse der GUS-Staaten gelangen in das Baltische Meer. Zu den größeren Flüssen gehören der **Pregel** im ehemaligen Ostpreußen, die **Memel** als Grenzfluss zwischen Litauen und dem Kaliningrader Gebiet, die **Düna**, die bei Riga in die Ostsee fließt, sowie **Narva**, **Loga** und **Newa** im Norden. Die genannten Flüsse sind nur begrenzt schiffbar und dienen nur sehr eingeschränkt als natürliche Transportwege. Auch als Energielieferanten kommen sie nicht infrage, weil sie wegen der natürlichen Bedingungen dieses Flachlandbereichs kaum gestaut werden können.

Die längsten Flüsse der GUS[3]

| Fluss | Länge (in km) | Fluss | Länge (in km) |
|---|---|---|---|
| Ob-Irtysch | 5410 | Syrdarja-Naryn | 3019 |
| Jenissej-Angara-Selenga | 5075 | Amudarja-Pjandsh | 2540 |
| Amur-Argun | 4410 | Dnjepr-Dnipro | 2200 |
| Lena | 4400 | Don | 1870 |
| Wolga | 3530 | Rhein (zum Vergleich) | 1320 |

Wichtiger sind in diesem Kontext die Flüsse, die ins **Schwarze Meer** münden. Hierzu zählen von West nach Ost **Pruth, Dnistr, Bug, Dnjepr, Donez** und **Don**. Ihr Anteil an der Abflussmenge ist ähnlich dem der Flüsse, die in die Ostsee münden. Die stärkere Trockenheit dieses südlicher gelegenen Einzugsgebietes verhindert eine größere Menge. Allerdings sind diese Flüsse (vor allem Dnistr, Dnjepr, Donez und Don) im Vergleich zu den in die Ostsee mündenden Gewässern als Schifffahrtswege und Energieproduzenten sehr bedeutend.

Nach Osten hin schließt sich ein größeres Areal an, das durch **Binnenentwässerung** gekennzeichnet ist. Die bedeutendste Rolle spielen dabei das Kaspische Meer und zum Teil der Aralsee. Die Wolga, der längste Strom Europas mit über 3 500 Flusskilometern, speist das Kaspische Meer zum großen Teil. Hinzu kommt als weiterer größerer Fluss der Ural. Auch wenn die nördlichen Flussabschnitte mehrere Monate im Jahr zugefroren sind, stellt die Wolga mit ihren Nebenflüssen dennoch eine zentrale Transportader für die

3 Quelle: verschiedene Lexika

Binnenschifffahrt (auch mit großen Schiffen) dar. Weiterhin wird entlang ihres Laufs über Wasserkraftwerke Strom erzeugt. Auch als Wasserreservoir für die südlichen Landesteile Russlands lässt sich die Wolga nutzen.

In den Randgebirgen im Süden der mittelasiatischen Staaten fallen hohe Niederschläge. Dadurch können einige Flüsse Wasser nach Norden in die Wüstenzonen transportieren. Die bedeutendsten unter ihnen sind Amudarja und Syrdarja, die beide dem Aralsee zufließen. Die Flüsse des Siebenstromlandes in Südostkasachstan münden in den Balchaschsee. Die genannten Ströme dienen überwiegend der Bewässerung für die dortige Landwirtschaft. Eine Relevanz als Transportwege oder Energielieferanten besitzen sie nicht.

Obwohl die Gebiete mit Binnenentwässerung ca. 15 % der GUS-Fläche ausmachen, beträgt ihre gesamte Abflussmenge kaum 10 %. Hierin spiegelt sich der Einfluss der Wüsten und Halbwüsten Mittelasiens wider, die dafür sorgen, dass ein Großteil des Wassers verdunstet bzw. versickert, bevor er das Mündungsgebiet erreicht.

Das größte Einzugsgebiet der Gewässer der GUS-Staaten hat das **Nordpolarmeer**. Über die Hälfte der Fläche und fast zwei Drittel der gesamten Wassermenge fließen ihm zu. Die wasserreichsten und längsten Flusssysteme der Erde finden sich in diesem Bereich, dessen Schwerpunkt neben dem Norden des europäischen Russlands fast ganz Sibirien ist. Im europäischen Teil Russlands sind dies die Systeme der Nördlichen **Dwina** und der **Petschora**, in Sibirien die des **Ob-Irtysch**, des **Jenissej**, der **Lena** und des **Kolyma**. Daneben gibt es noch weitere große Flüsse, die ebenfalls ins Nordpolarmeer münden. Ob und Jenissej sind über 5 000 km, die Lena rund 4 400 km lang.

Bei den meisten sibirischen Flüssen existiert eine große Diskrepanz zwischen ihrem theoretischen Nutzungspotenzial und den tatsächlichen Gegebenheiten. Dies hat klimatische und topografische Ursachen. Die Fließrichtung der genannten Ströme verläuft prinzipiell von Süd nach Nord mit der jeweiligen Mündung ins Nordpolarmeer. Da dieses jedoch meist zugefroren ist, sind Transportmöglichkeiten per Schiff ins Ausland oder ins europäische Russland zeitlich sehr begrenzt.

Die Wasserführung der sibirischen Ströme schwankt stark. Mit Beginn der Schneeschmelze in Südsibirien ab April schwellen die Wassermassen an und überschwemmen weite Gebiete auch außerhalb der Flussbetten. Der Wasserabfluss nach Norden wird erheblich gebremst, weil es bis in den Juni hinein dauert, bis das Eis der Flüsse im Mündungsbereich und damit die Stauwirkung verschwunden ist. Somit ist nur von Juli bis September eine normale Schifffahrt möglich. Danach beginnen die Flüsse von Norden bereits wieder zuzufrieren. Hinzu kommt, dass die sibirischen Flüsse zumeist Gebiete durchfließen, die für den Menschen schwer nutzbar sind.

Für Russland sind die großen sibirischen Ströme in den südlichen Bereichen als Standorte für Wasserkraftwerke und für den Fischfang wichtig. Als Transportwege für größere Warenmengen werden die ins Nordpolarmeer entwässernden Flüsse jedoch kaum gebraucht.

Der **Pazifische Ozean** nimmt den Rest der Wassermassen der russischen Flüsse auf. Dieser Bereich umfasst etwas mehr als ein Fünftel des Gebietes und der Jahresabflussmenge. An erster Stelle steht hier der **Amur** mit seinen Nebenflüssen. Der Amur stellt eine wichtige Lebens- und Wirtschaftsader für den Fernen Osten dar, ist er doch viele Monate im Jahr schiffbar. Die anderen Flüsse spielen für die wirtschaftliche Nutzung kaum eine Rolle.

Im Gebiet der GUS-Staaten gibt es einige große **Binnenseen**. In Nordwestrussland sind dies der Ladoga- und der Onegasee, im Süden das Kaspische Meer, der Aral- und der Balchaschsee sowie in Südostsibirien der Baikalsee. Alle diese genannten Gewässer sind für die Schifffahrt überwiegend bedeutungslos, allerdings spielt der Fischfang eine große Rolle.

## Zusammenfassung

- Als **wichtigster Gunstraum** erweist sich das Gebiet des **Atlantischen Keils**. Hier ergibt sich für das Wirtschaften des Menschen eine vergleichsweise günstige Kombination der Faktoren Klima, Böden und Vegetation.
- Nördlich und südlich davon sowie nach Osten hin verschlechtern sich diese Faktoren: Im Norden wird das Klima zu kalt und **Permafrost** schränkt die Bodennutzung ein; nach Süden hin wird das Klima zu trocken, die Böden werden **wüstenhaft**. Die gebirgigen Zonen im Süden und Osten der GUS sind ebenfalls durch zahlreiche Ungunstfaktoren geprägt.
- Als **negativ** erweist sich für die GUS-Staaten ihr **begrenzter Zugang zu warmen Meeren**. Ist ein solcher Zugang vorhanden, liegt er zumeist weit von den wirtschaftlichen Aktivräumen entfernt. Die großen Flusssysteme verlaufen in der Regel in Süd-Nord-Richtung, was ihre wirtschaftliche Nutzung einschränkt. Es fehlt eine West-Ost-Verbindung, die wegen des Verlaufs der Flusssysteme grundsätzlich nur als Landweg möglich wäre.

# Territoriale Entwicklung und Erschließung

## 1 Mittelalter und Frühe Neuzeit

Erste territoriale und staatsähnliche Ausformungen im Gebiet Russlands entwickelten sich im 9. Jh. n. Chr. Der nordgermanische Stamm der **Waräger** hatte die politische Oberhoheit über die zwischen Kiew und Nowgorod lebenden slawischen Stämme inne. Die Hauptstadt der sich allmählich slawisierenden Waräger wurde Kiew als zentraler Handelspunkt des Gebietes.

Dieses Reich, **Kiewer Rus** genannt, unterhielt enge Handelsverbindungen mit dem oströmischen Byzanz. Von dort erfolgte auch die **Christianisierung**, als sich Großfürst Wladimir 988 byzantinisch-orthodox taufen ließ. Dies hatte zur Folge, dass das ostslawische Gebiet vielen politischen, religiösen und wirtschaftlichen Einflüssen aus dem römisch-katholisch geprägten Westen Europas verschlossen blieb.

Das Reich der Kiewer Rus zerfiel im 11. und 12. Jahrhundert in einzelne Teilfürstentümer und zerbrach im 13. Jahrhundert als Folge der **Mongolenstürme** ganz. Erst 1380 gelang es dem sich entwickelnden Moskauer Fürstentum, die eineinhalb Jahrhunderte dauernde mongolische Oberhoheit wieder abzuschütteln. **Moskau** löste Kiew als **neues Machtzentrum Russlands** ab und übernahm die Aufgabe, die ostslawischen Russen zu einen.

Ab dem 16. Jahrhundert verstärkte sich diese Tendenz dadurch, dass sich Moskau als **„Drittes Rom“** bezeichnete. 1453 war Byzanz, das „Zweite Rom“, von den islamischen Osmanen erobert worden. Fortan beanspruchte Moskau die religiöse Führungsrolle in der Nachfolge von Byzanz. Die Fürsten Iwan III. (1462–1505) und Iwan IV. (1547–1584) forderten für sich den Titel „Großfürst und Zar“ bzw. „Zar und Selbstherrscher des ganzen großen Russland“.

Unter den genannten Großfürsten bzw. Zaren erweiterte sich das Reich von Moskau ausgehend in alle Richtungen. Im Norden kamen Karelien und der Bereich Archangelsk (Gründung der Stadt 1584) bis zum nördlichen Ural hinzu. Nach Westen vollzog sich die territoriale Erweiterung nur mühsam und mit Rückschlägen. Die erstarkenden Großmächte Polen-Litauen und Schweden erwiesen sich teilweise als überlegene Gegner. Es gelang noch nicht, über die heutigen Staaten Lettland und Estland sowie über Gebiete um das spätere St. Petersburg Zugang zur Ostsee zu erhalten. Als im negativen Sinne bedeutsam erwies sich die Eroberung der **Stadtrepublik Nowgorod** 1471, weil damit ein sich entwickelndes System der städtischen Selbstverwaltung in Russland nach hanseatischen Vorbildern erlosch.

Nach Osten hin konnten große Gebiete dem Moskauer Reich einverleibt werden. Das nördliche und mittlere Sibirien wurden in einem halben Jahrhundert erobert. Einige Städtegründungsdaten verdeutlichen dies: Tobolsk 1587 (älteste sibirische Stadt), Obdorsk am Unterlauf des Ob 1595, Turuchansk am mittleren Jenissej 1607, Bratsk 1631, Irkutsk 1652, Jakutsk 1632, Ochotsk am Pazifik 1649.

Die Methoden der Landnahme unterschieden sich. Nur wenige Gebiete unterstellten sich freiwillig der Moskauer Herrschaft. Nach Westen und Nordwesten hin handelte es sich um militärische Eroberungen. Der nahezu siedlungsleere Nordteil des europäischen Russland wurde zunächst über Handelsstützpunkte erschlossen, die dann der Zar unter seinen Schutz stellte. In Sibirien errichteten Kosaken, Händler, Abenteurer und Armeeführer größtenteils im Auftrag des Zaren Stützpunkte, die dann dem Reich einverleibt wurden.

## 2 Russland bis zum Ersten Weltkrieg

Von 1613 bis zum Sturz der Monarchie in Russland 1917 stammten die Zaren aus dem Hause **Romanow**. Stand im 17. Jahrhundert die russische Expansion und Kolonisierung Sibiriens im Zentrum der territorialen Expansion, so verlagerte sich der Interessenschwerpunkt des Reiches ab der Herrschaft des Zaren **Peter I., des Großen** (1689–1725) in Richtung Europa. Diese „Westpolitik" erreichte mit dem Wiener Friedensschluss 1815 einen Höhepunkt. Unter Peter dem Großen wurde „das Fenster nach Europa aufgestoßen". Dies betraf nicht nur Reformen im Innern nach dem Vorbild absolutistischer Herrscher in Europa. Auch außenpolitisch wurde Russland eine europäische Großmacht. Als Ergebnis des Nordischen Krieges gelangten Anfang des 18. Jahrhunderts große Teile des Baltikums von Riga bis Karelien unter russische Herrschaft. Die **Gründung St. Petersburgs 1703** an der Mündung der Newa in die Ostsee symbolisiert diese Richtung der russischen Expansion, verbunden mit der Verlagerung der Hauptstadtfunktionen von Moskau nach St. Petersburg.

Unter der Zarin **Katharina II., der Großen** (1762–1796) erfolgte eine weitere West- und Südausdehnung Russlands. Als Folge der drei polnischen Teilungen 1772, 1793 und 1795 verschob sich die russische Westgrenze bis an die Weichsel. Nach den russisch-türkischen Kriegen in der zweiten Hälfte des 18. Jahrhunderts kam die nördliche Küste des Schwarzen Meeres zu Russland, sodass das Zarenreich nunmehr leichteren Zugang zu „warmen" Meeren hatte.

Im Kontext der Napoleonischen Kriege und des Wiener Kongresses 1814/15 gelangten das überwiegend von Rumänen besiedelte **Bessarabien** (heute: Moldawien), der mittlere und östliche Teil **Polens** („Kongress-Polen") sowie **Finnland** an Russland. Das Jahr 1815 markierte den vorläufigen Höhepunkt der nach Europa gerichteten territorialen Expansion. Russland hatte im Laufe der Zeit immer mehr den Charakter eines **Vielvölkerstaates** angenommen, in dem die Russen die Mehrzahl der Reichsbevölkerung bildeten. Weitere wichtige Ethnien waren Ukrainer, Weißrussen und Polen als sogenannte „slawische Brudervölker". Hinzu kamen Finnen, Esten, Letten, Litauer, Rumänen, Deutsche und Juden.

Die ethnische Vielfalt nahm im 19. Jahrhundert zu. Bis Mitte der 60er-Jahre gelang es Russland, die Region des **Kaukasus** (z. B. Armenien, Georgien, Aserbaidschan) zu erobern. Ab den 70er-Jahren des 19. Jahrhunderts erreichte die russische Expansion die Nordgrenzen Persiens und Afghanistans. Damit wurden die **islamischen Völker Mittelasiens** (Kasachen, Kirgisen, Tadschiken, Turkmenen) russische Untertanen.

Die zunehmende Schwäche Chinas benutzte Russland dazu, um 1860 im Fernen Osten die **Amur-** und **Küstenprovinz** am Pazifik zu annektieren. Ein Ausdruck dieser Politik wurde 1860 die Gründung des eisfreien Pazifikhafens **Wladiwostok** („Beherrscher des Ostens"). Das zeitweilige Ausgreifen Russlands auf den amerikanischen Kontinent endete 1867 durch den Verkauf Alaskas an die USA.

Vor dem Ersten Weltkrieg erreichte das russische Vordringen in Asien seinen Höhepunkt. Nordpersien, die nordchinesischen Provinzen Sinkiang und die Äußere Mongolei sowie Tibet wurden russische Einflussgebiete; die chinesische Mandschurei war zeitweilig russisch besetzt.

Die beschriebene Expansion brachte für die betroffenen Gebiete und für Russland selbst erhebliche Konsequenzen mit sich. Besonders seit der Mitte des 19. Jahrhunderts verfolgte das Zarenreich eine Politik der mehr oder minder ausgeprägten **Russifizierung** der gewonnenen Territorien. Dies zeigte sich beispielsweise in folgenden Bereichen:

- **Bevölkerung/Ethnien:**
  Die eingegliederten Territorien wurden zunehmend Siedlungsgebiet von Russen, während die ursprünglich vorhandenen Ethnien zu Minderheiten degradiert wurden. Dies galt für ganz Sibirien, aber auch für Teile der mittelasiatischen Territorien sowie des Kaukasus, der Ukraine und Bessarabiens. Polen und Finnland waren von dieser Siedlungsbewegung weniger betroffen.
- **Sprache:**
  Überall im Russischen Reich setzte sich Russisch als Amts- und Verkehrssprache durch und ist noch heute in der gesamten GUS eine weit verbreitete Verständigungssprache (Lingua franca). Die unterworfenen Völker schafften es oft nur mühsam, ab der Mitte des 19. Jahrhunderts über ihre schriftlich fixierte Sprache eine eigene Identität zu erlangen. Am ehesten und besten gelang dies in den westlichen Gebieten des Reiches, in Polen, Finnland und zum Teil im Baltikum. Ukrainer und Weißrussen hatten und haben große Schwierigkeiten, ihre Sprachen gegen das Russische abzusetzen, weil sie diesem relativ nahe sind.
- **Wirtschaft:**
  Bis zur Mitte des 19. Jahrhunderts war das Russische Reich überwiegend agrarisch geprägt. In der Landwirtschaft spielten Großgrundbesitzer und die Rechtsform der **Leibeigenschaft** eine dominante Rolle. Letztere wurde 1861 durch Zar **Alexander II**. aufgehoben. Die Bauern mussten für ihre Befreiung erhebliche materielle Opfer bringen, indem sie Land verkauften, zumeist an Großgrundbesitzer. Als Folge entstand ein ländliches Proletariat, das in die Städte drängte und in der sich entwickelnden Industrie Arbeit suchte. Nicht betroffen von den Agrarreformen waren die westlichen Randgebiete des Reiches (Finnland, Polen, Baltikum). Die dortigen Strukturen blieben bis zur Revolution 1917 erhalten.
  Die industrielle Entwicklung setzte gegen Ende des 19. Jahrhunderts massiv ein. Die **liberale Wirtschaftspolitik** des Finanzministers **Witte** (1892–1903) trug erheblich dazu bei. In den großstädtischen Zentren, besonders in Moskau und St. Petersburg, und in den rohstoffreichen Regionen der Ukraine, im Ural und auch in Südsibirien entstanden vielfältige industrielle Komplexe. Aufgrund der Kapitalarmut des Landes investierten aber vor allem ausländische Gesellschaften in russische Industrieanlagen, sodass in diesem Bereich nicht von einer Russifizierung gesprochen werden kann.
- **Verkehr:**
  Bis zur Mitte des 19. Jahrhunderts existierten kaum moderne Verkehrswege. Nur Moskau und St. Petersburg verband bereits eine Eisenbahnlinie. Auch

hier setzte ab den 60er-Jahren des 19. Jahrhunderts, besonders jedoch ab den 90er-Jahren, eine stürmische Entwicklung ein. Große Teile des Reiches wurden durch ein immer dichteres Eisenbahnnetz mit Moskau und St. Petersburg als dessen Zentren erschlossen. Dies betraf auch die Randgebiete des Reiches, sodass Russland verkehrsmäßig enger zusammenwuchs. Die Verstaatlichung des russischen Eisenbahnwesens unterstützte diese Tendenz. In diesem Kontext war der Bau der **Transsibirischen Eisenbahn** zwischen 1891 und 1904 (Moskau bis Irkutsk) besonders bedeutend. Von 1908 bis 1916 wurde dann die Anschlussstrecke bis Wladiwostok fertig.
Trotz dieser Erfolge blieb das Eisenbahnnetz noch deutlich lückenhafter als in West- bzw. Mitteleuropa. Das Straßennetz befand sich außerhalb der großen Städte weiterhin in einem schlechten Zustand.

- **Administration:**
  In der Verwaltung des Russischen Reiches verstärkte sich im 19. Jahrhundert die Tendenz, der zentralen Regierung in St. Petersburg mehr Kompetenzen zu geben und russisch geprägte Strukturen und Vorschriften auch den Randgebieten des Reiches zu oktroyieren. Polen, das Baltikum und Finnland verloren weitgehend ihre Autonomie. Der Zar und die Regierung setzten über russische Gouverneure und Militärbefehlshaber ihre Politik durch.

# 3 Entstehung und Entwicklung der Sowjetunion

## Die Etablierung der Sowjetunion unter Lenin

Während und als Folge des Ersten Weltkrieges und der vielen ungelösten politischen, wirtschaftlichen und sozialen Probleme wurde im Februar 1917 die **Monarchie gestürzt** und **Zar Nikolaus II.** musste auf seinen Thron verzichten. Der neuen, bürgerlich geprägten provisorischen Regierung gelang es jedoch nicht, grundlegende Reformen durchzuführen, während der Krieg andauerte. Daher konnten die **kommunistischen Bolschewiki** unter **Wladimir I. Lenin** (1870–1924) nach einem Staatsstreich im Oktober 1917 die politische Macht erringen. Diese **Oktoberrevolution** leitete eine vollständige Umgestaltung aller Lebensbereiche in Russland ein.

Im März 1918 endete für Russland der Erste Weltkrieg, indem die neue Führung mit den Mittelmächten den **Friedensvertrag von Brest-Litowsk** unterzeichnete. Darin erkannte Russland die Unabhängigkeit und Selbstständigkeit der westlichen Teile des Russischen Reiches an: Finnland, Estland, Lettland, Litauen, Polen und die Ukraine wurden souveräne Staaten, Bessarabien fiel an

Rumänien. Somit wurde das russische Staatsgebiet im Westen wieder auf den Zustand zu Beginn des 18. Jahrhunderts zurückgeführt. Hinzu kamen die Unabhängigkeitserklärungen von Georgien, Aserbaidschan und Armenien im Mai 1918, sodass der Kaukasus für Russland zunächst verloren war.

Die bolschewistische Herrschaft wurde 1919/1921 durch weitere Angriffe bedroht. Die innenpolitischen Gegner der Kommunisten, die **Weißen**, begannen mit Unterstützung von französischen und britischen Truppen einen blutigen Bürgerkrieg, um die Bolschewiki und ihr Regime zu beseitigen. Diese Schwäche der Kommunisten nutzte das neu entstandene Polen, um Gebiete in Weißrussland, die ehemals polnisch-litauisch waren, zu erobern. Der neu aufgebauten **Roten Armee** gelang es jedoch bis 1921, Weiße, Ententetruppen (Franzosen und Briten) und Polen zurückzudrängen, sodass dem neuen Staat von außen zunächst keine weiteren Gefahren drohten.

Im Juli 1918 proklamierte Lenin die Umwandlung Russlands in die **Russische Sozialistische Föderative Sowjetrepublik** (RSFSR). Als Regime wurde das Sowjetsystem eingeführt, in dem Arbeiter und Bauern über von ihnen entsandte **Räte** (Sowjets) unter Führung der Kommunistischen Partei regieren sollten. Dies bedeutete in wirtschaftlicher Hinsicht, dass der landwirtschaftliche Grund und Boden sowie die meisten Gewerbe- und Industriebetriebe enteignet und verstaatlicht wurden. Die früheren Besitzer wurden für ihre Verluste nicht entschädigt.

Die Folgen des Ersten Weltkrieges, die außenpolitischen Wirren und die brutale Umgestaltung im Innern lähmten die Produktion in Industrie und Landwirtschaft derart, dass Russland 1921 am Rande einer Hungerkatastrophe stand. Aufstände gefährdeten die Herrschaft der Bolschewiki.

In dieser für die Kommunisten gefährlichen Lage änderte Lenin 1921 seine Wirtschaftspolitik radikal. Im Zuge der **Neuen Ökonomischen Politik** (NEP, russ.: nowaja ekonomitscheskaja politika) kehrten kapitalistische Wirtschaftselemente zurück. Die Bauern konnten nun große Teile ihrer Produktion selbst vermarkten. Handel und Gewerbe wurden vielfach privatisiert. Industrie, Banken und Verkehrswesen blieben staatlich und unterstanden weiterhin einer zentralen Planung aus der wieder nach Moskau verlegten Hauptstadt. Die NEP-Phase dauerte bis 1928 und führte zu einer umfassenden Erholung der Wirtschaft. Landwirtschaft, Gewerbe und Industrie erhöhten ihre Produktion, sodass die Grundversorgung der Bevölkerung gesichert war.

Die Periode der Unruhen und der Neugestaltung erreichte Ende 1922 einen vorläufigen Abschluss. Aus Russland und der RSFSR wurde nun die **Union der Sozialistischen Sowjetrepubliken** (UdSSR), die bis Ende 1991 bestand. Lenin wollte damit verdeutlichen, dass nicht nur Russen in der Staatenunion lebten. Die anderen Völker des ehemaligen Russischen Reiches sollten in eigenen Staatsgebilden leben und gegenüber den Russen gleichberechtigt sein. Als weitere Sozialistische Sowjetrepubliken (SSR) gehörten der neuen UdSSR die Ukraine, Weißrussland, Transkaukasien, ab 1924 Usbekistan und Turkmenistan und ab 1929 Tadschikistan an. Jedes der genannten Unionsmitglieder hatte theoretisch das Recht, aus der Union auszutreten. Dies war jedoch lange nur eine formale Bestimmung, denn die Sowjetunion wurde zentralistisch von der Spitze der **Kommunistischen Partei der Sowjetunion** (KPdSU) regiert, die einen solchen Austritt niemals geduldet hätte.

## Die UdSSR unter Stalin

Lenin und Stalin im Jahr 1923

Im Januar 1924 starb Lenin. In den folgenden fünf Jahren gelang es dem aus Georgien stammenden Joseph W. Dschugaschwili, der sich **Stalin** („der Stählerne", 1879–1953) nannte, jegliche innerparteiliche Opposition auszuschalten.

Mit seiner Skrupellosigkeit und Brutalität veränderte er die Sowjetunion mehr als jeder andere Politiker vor ihm. Noch heute haben Russland und die GUS-Staaten mit den Folgen des Stalinismus zu kämpfen.

Ab 1928 führte Stalin eine rigide **Plan- oder Zentralverwaltungswirtschaft** ein. Alle Wirtschaftsbereiche sollten künftig nach einem staatlich festgelegten System von **Fünfjahresplänen** funktionieren. Die Basis hierfür wurde in prak-tisch allen Teilen der Wirtschaft das Staats- oder Volkseigentum. Die liberale Phase der NEP fand so 1928 ein abruptes Ende. Als erste brutale Maßnahme kollektivierte Stalin die Landwirtschaft. Unter der Losung der Liquidierung der Kulaken (Großbauern) fielen dieser „Agrarrevolution" ca. 11 Millionen Menschen zum Opfer.

Stalin ging es darum, aus dem noch eher agrarisch geprägten Land einen **Industriestaat** zu machen. Die Methode dazu bestand vor allem darin, großindustrielle Projekte in der Schwerindustrie zu realisieren. Riesige Kraftwerke, große industrielle Komplexe zur Rohstoffverarbeitung (sogenannte **„Kombinate"**) entstanden in der gesamten UdSSR, besonders im industriell noch wenig entwickelten, jedoch rohstoffreichen Sibirien. Dabei spielten Wirtschaftlichkeitserwägungen eine untergeordnete Rolle. Es war nur wichtig, die Vorgaben der Fünfjahrespläne zu erfüllen. So errichtete man riesige **Industriekomplexe**, die unter marktwirtschaftlichen Gesichtspunkten nicht gebaut worden wären. Auch Begrenzungen durch die Ungunst der Natur beeinträchtigten solche Planungen oft wenig.

Eine Basis dieser brutalen Industrialisierungspolitik bildete die scheinbar unbegrenzt verfügbare menschliche Arbeitskraft. Unter der Stalin'schen Diktatur lebten viele Millionen Menschen in Arbeits- und Straflagern, die sich besonders im Norden Russlands und in Sibirien befanden. Unter härtesten und unmenschlichen Bedingungen mussten die Gefangenen Eisenbahnlinien, Kanäle und Straßen bauen, Kohle aus wenig gesicherten Gruben fördern und Industriebetriebe, Kraftwerke und Staudämme zur Energieerzeugung errichten. Ende der 30er-Jahre war die Sowjetunion ein Industriestaat auf der Basis staatlicher **Planwirtschaft** geworden. Der millionenfache Tod von Menschen war jedoch der Preis der Stalin'schen Industrialisierungspolitik.

Die **Arbeits- und Gefangenenlager (Archipel Gulag)** erhielten ständig „Nachschub". Stalins Verfolgungs- und „Säuberungs"-Maßnahmen gegen tatsächliche oder vermeintliche Gegner betrafen über 20 Millionen Einwohner der Sowjetunion. Viele starben in den Lagern oder wurden umgebracht. Einen Höhepunkt erlebte der Terror gegen die eigene Bevölkerung und bekannte Mitglieder der KPdSU in den Jahren 1936–1938. Damals fanden Schauprozesse statt, in denen große Teile der Führungselite der Partei und auch der Roten Armee zum Tode verurteilt und anschließend liquidiert wurden.

Der 1939 durch Deutschland begonnene Zweite Weltkrieg veränderte die UdSSR erheblich. Der im August 1939 geschlossene **Hitler-Stalin-Pakt** verschaffte der Sowjetunion zunächst erhebliche territoriale Gewinne. Die UdSSR konnte sich 1939/40 viele der nach 1918 verlorenen Gebiete wieder einverleiben. Mit Ausnahme Finnlands betraf dies die drei baltischen Staaten, Ostpolen und Bessarabien. Estland, Lettland und Litauen wurden als Sowjetrepubliken in die UdSSR „aufgenommen", Bessarabien der Ukraine angegliedert. Große Teile der Führungsschichten dieser Staaten und Polens wurden nach Sibirien abtransportiert und liquidiert.

Im Juni 1941 begann der Krieg Deutschlands gegen die UdSSR. In den ersten beiden Jahren eroberte die Wehrmacht große Teile der europäischen Sowjetunion bis zu einer Linie Leningrad–Stalingrad, dem jetzigen Wolgograd. Ab 1943 setzte der Rückzug der deutschen Truppen ein, der mit der Kapitulation am 8. Mai 1945 endete. In dem vierjährigen Krieg verloren über 20 Millionen Einwohner der UdSSR, Soldaten und Zivilisten, ihr Leben. Große Teile der Infrastruktur, der Industrie und der Landwirtschaft waren zerstört. Viele Städte und Dörfer waren unbewohnbar.

Die territoriale Entwicklung Russlands seit dem 17. Jahrhundert

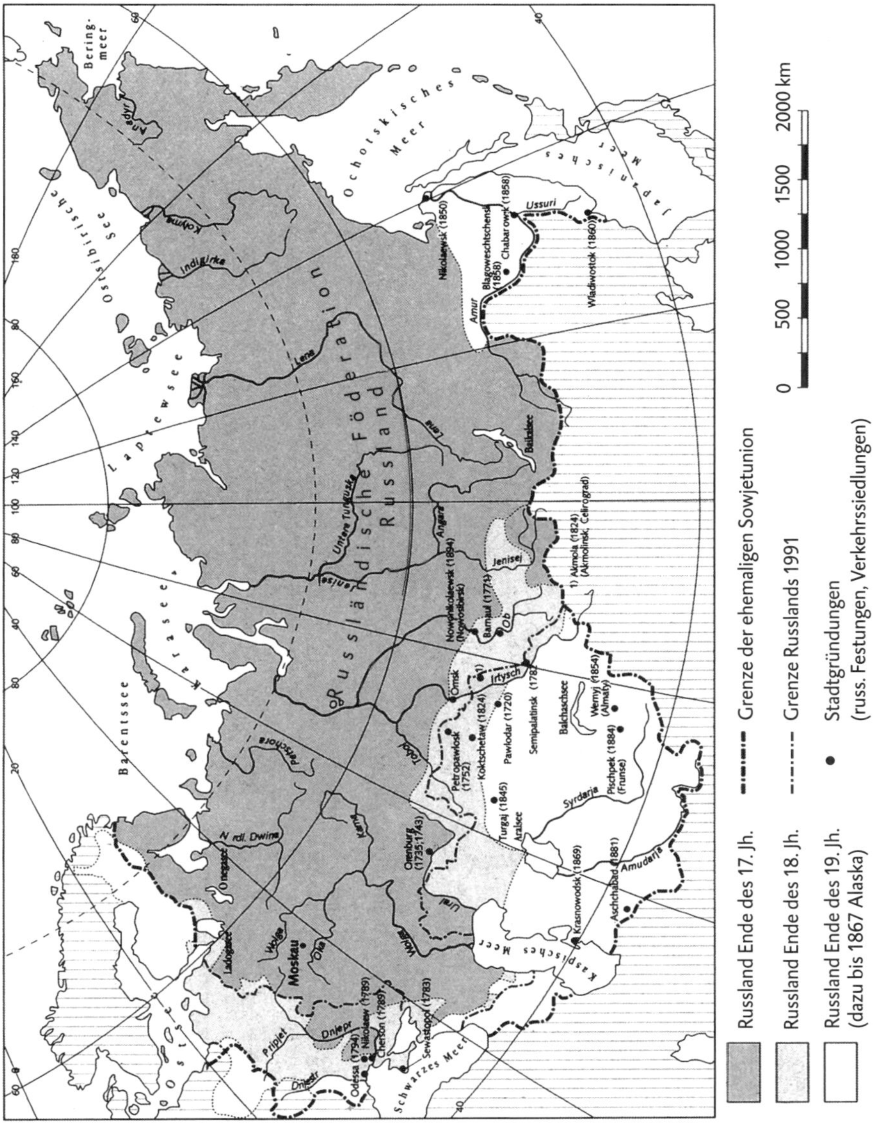

Die Hauptaufgabe für die Sowjetunion bestand darin, die Kriegsschäden in den westlichen Landesteilen zu überwinden. An den Prinzipien des Wirtschaftssystems änderte sich wenig. Im **Spätstalinismus (1945–1953)** bestimmten weiterhin Fünfjahrespläne und die Entwicklung der Schwerindustrie die Wirtschaftspolitik. Die nördlichen Teile Russlands sowie Sibirien wurden weiter massiv erschlossen. Neben den vielen Strafgefangenen kamen jetzt Millionen von Kriegsgefangenen, besonders aus Deutschland, hinzu. In der Agrarpolitik setzte man verstärkt auf noch größere Kolchosen und Sowchosen.

Neben dem eigenen Territorium konnte die Sowjetunion nach 1945 auch bisher fremde Gebiete wirtschaftlich ausbeuten, da ihr Staatsgebiet durch den Sieg im Zweiten Weltkrieg vergrößert worden war. Die UdSSR behielt die Staaten und Gebiete, die sie sich bereits als Folge des Hitler-Stalin-Paktes von 1939 einverleibt hatte. Kleinere territoriale Gewinne waren das **nördliche Ostpreußen mit Königsberg** (Kaliningrader Gebiet), die **Karpato-Ukraine**, der östlichste Landesteil der Tschechoslowakei, das südlich von Krasnojarsk gelegene Gebiet von **Tannu-Tuwa** sowie der Südteil der Insel **Sachalin** und die **Kurilen** im Pazifik. Die beiden zuletzt genannten Bereiche musste Japan an die UdSSR abtreten.

Neben der Erweiterung des direkten Staatsgebietes erlangte die Sowjetunion dominanten Einfluss auf Staaten, die die Rote Armee 1945 von deutscher Besetzung oder Dominanz befreit hatte. Polen, die Tschechoslowakei, Ungarn, Rumänien, Bulgarien, zeitweilig auch Albanien und Jugoslawien sowie die sowjetische Besatzungszone in Deutschland, die spätere DDR, wurden politisch, ideologisch, kulturell und wirtschaftlich eng an die UdSSR gebunden. Dies geschah militärisch durch den **Warschauer Pakt** von 1955, der es der Sowjetunion erlaubte, Truppen in ganz Osteuropa zu stationieren, und wirtschaftlich durch den **Rat für gegenseitige Wirtschaftshilfe** von 1949 (RGW oder COMECON). Der RGW sollte für eine bessere wirtschaftliche Spezialisierung und Arbeitsteilung zwischen den Mitgliedsstaaten sorgen und eine allmähliche Angleichung der sehr unterschiedlichen wirtschaftlichen Bedingungen ermöglichen. So entstanden verschiedene Abhängigkeiten zwischen der UdSSR und den anderen RGW-Staaten.

Nach Stalins Tod 1953 wurde bis 1964 **Nikita S. Chruschtschow** die beherrschende Persönlichkeit der sowjetischen Politik. In der Innenpolitik kam es phasenweise zu mehr Freiheitlichkeit, ohne dass jedoch der Herrschaftsanspruch der KPdSU infrage gestellt worden wäre. Die Auswüchse des Stalinismus wurden zurückgedrängt **(Entstalinisierung)**. Wirtschaftlich, technologisch und militärisch wollte Chruschtschow die USA ein- bzw. überholen. Dazu wurde die Verwaltung modernisiert, in der Wirtschaft verbreiteten sich modernere Produktionsmethoden und die Agrarproduktion sollte durch Erschließung neuen Ackerlandes in Kasachstan und Westsibirien erhöht werden. Das Lebensniveau des Volkes sollte steigen. All die genannten Ziele wurden jedoch kaum erreicht, vielfach traten Rückschläge ein.

Nach dem Sturz Chruschtschows übernahm **Leonid Breschnew** bis zu seinem Tod 1982 die Führung der KPdSU. In dieser Zeit verharrte die Sowjetunion innerhalb des Erreichten. Wirtschaft und Technik stagnierten, sodass das Imperium im Vergleich zu den USA oder Westeuropa immer weiter zurückfiel. Somit wurde es für die UdSSR immer schwerer, ihre Weltmachtansprüche zu behaupten.

## 4 Der Epochenwandel 1985/91 und seine Folgen

Nach Breschnews Tod wurde die UdSSR zunächst von einer überalterten Führung weiterregiert. Dies verstärkte die Stagnation in allen Bereichen. Mit dem 54-jährigen **Michail S. Gorbatschow** setzte sich ab 1985 auch an der Spitze der KPdSU die Einsicht durch, dass ein radikaler politischer Kurswechsel erforderlich sei, um die gravierenden Probleme der Sowjetunion zu lösen. Ziel war, das Sowjetsystem zu erhalten und die Herrschaft der Partei zu sichern. Dabei schlug Gorbatschow einen verhältnismäßig liberalen Kurs ein und berief sich bei seinen Bemühungen auf Lenin, beispielsweise auf die NEP. Schlagworte seiner Politik wurden die Begriffe **Glasnost** (Offenheit, Transparenz) und **Perestroika** (Umbau, Umgestaltung, Reform). Durch offene Diskussionen und Entscheidungsprozesse sollten bürokratische Mängel, Ineffizienz in Betrieben, mangelnder Arbeitswille sowie unrentables Wirtschaften überwunden werden. Der Staat zog sich etwas aus der Wirtschaft zurück und überließ den Betrieben mehr Selbstständigkeit. Die eingeschlagenen Reformen lösten die grundlegenden Probleme jedoch nicht, weil sie die Jahrzehnte alten Mängel einer zentralisierten Wirtschaft nicht grundsätzlich beseitigten und auch das Machtmonopol der Kommunistischen Partei nicht aufhoben. Der nachlassende Druck aus der Zentrale in Moskau verschärfte hingegen die Wirtschaftskrise, sodass gegen Ende der 80er-Jahre ernsthafte Versorgungsprobleme entstanden. Neben der Wirtschaftskrise kam eine politische Krise hinzu. Es bildeten sich eigenständige Gruppierungen inner- und außerhalb der Partei,

Michail Gorbatschow, von 1990–1991 letzter Präsident der UdSSR

die mehr Mitspracherechte einforderten. Als „Spaltpilz“ für die UdSSR erwiesen sich jedoch letztendlich die **Nationalitätenprobleme**.

Immer mehr Völker der Sowjetunion forderten entsprechend den Parolen Gorbatschows autonome Entwicklungen. Besonders virulent wurde der Abspaltungsprozess in den drei baltischen Ländern und in der RSFSR selbst.

Im Baltikum demonstrierten Hunderttausende für die Selbstständigkeit der drei Republiken. Im Frühjahr 1990 trennten sich die **baltischen Staaten** von der Sowjetunion. Einschüchterungsversuche, auch militärischer Art, konnten die Entwicklung nicht mehr bremsen.

Die **Auflösung der UdSSR** beschleunigte sich auch durch internationale Entwicklungen. Gorbatschow ermöglichte 1990 die Wiedervereinigung der DDR und der Bundesrepublik Deutschland. Die Satellitenstaaten der Sowjetunion in Mittel- und Osteuropa lösten sich ebenfalls vom erstarrten kommunistischen System sowie von der Vorherrschaft der UdSSR. Als Folge wurden Anfang 1991 der RGW und der Warschauer Pakt beendet. Ende 1991 erfolgte schließlich die formelle Auflösung der Sowjetunion. Der **Kalte Krieg** war beendet, die USA verblieben als einzige Supermacht.

Der Epochenwandel von 1989 bis 1991, der sich nahezu überall als friedliche Revolution vollzog, veränderte die politischen, wirtschaftlichen und militärischen Verhältnisse im östlichen Teil Europas grundlegend. Die ehemaligen Satellitenstaaten der Sowjetunion durchliefen tief greifende Transformationsprozesse, die marktwirtschaftliche und demokratische Strukturen hervorbrachten. Die **Europäische Union** vergrößerte sich nicht nur um die ehemalige DDR, sondern im Jahr 2004 auch um die drei baltischen Staaten, Polen, Tschechien, die Slowakei und Ungarn. Als weitere ehemalige RGW-Staaten wurden Bulgarien und Rumänien 2007 Mitglieder der EU. Ab 1999 traten die meisten der genannten Staaten auch der **NATO** bei: Polen, Tschechien und Ungarn 1999, Bulgarien, Estland, Lettland, Litauen, Rumänien, die Slowakei und Slowenien 2004, Albanien und Kroatien 2009.

Ab 1992 wurden die verbliebenen zwölf Sowjetrepubliken zu **souveränen Staaten**. Sie schlossen sich zwischen Ende 1991 und 1993 zur **Gemeinschaft Unabhängiger Staaten (GUS)** zusammen, wobei Russland das dominierende Land wurde. (Turkmenistan trat 2005 als Vollmitglied aus dem Staatenbund aus und ist seitdem nur noch assoziiertes Mitglied.) Die GUS kann als lockerer Staatenbund bezeichnet werden; gemeinschaftsbildende Gremien oder Rechtsvorschriften existieren kaum. Trotzdem gibt es teilweise enge Verbindungen zwischen den Staaten, die aus der langen russisch-sowjetischen Geschichte des gesamten Raumes herrühren. In Bezug auf Rohstoffe, Währungen, Militär und wirtschaftliche Verflechtungen ist nach wie vor ein relativ dichtes Netz von Beziehungen vorhanden. Die russische Sprache dient weiterhin als Verständigungssprache in der GUS.

Alle Staaten der GUS haben seit 1990 Krisen durchlebt. Die Wirtschaftsleistung sank zunächst überall relativ stark. Erst ab Mitte der 90er-Jahre stabilisierte sich die Lage, sodass von niedrigen Niveaus aus zum Teil deutliche Wachstumsraten zu verzeichnen sind. Die politischen Systeme entwickelten sich teilweise in Richtung Demokratie, häufiger jedoch in Richtung autoritärer Systeme, wobei die Präsidenten jeweils die Zentren der Macht bildeten.

Russland hatte seit 1991 drei Präsidenten: Boris Jelzin (1991 bis 1999), Wladimir Putin (2000 bis 2008) und seit 2008 Dimitry Medwedjew, während der bisherige Präsident das Amt des Ministerpräsidenten ausübt. Unter **Jelzin** erlebte Russland eine eher liberale Phase seiner Entwicklung, wobei die Politik und die Organisation von Wirtschaft und Gesellschaft zeitweise chaotisch und krisenhaft anmuteten. Es entstand ein größerer privater Sektor in der Wirtschaft und in den Medien, doch die Korruption nahm in vielen Bereichen zu. Im Kontrast dazu stellt sich die Periode der Präsidentschaft **Putins** als Stabilisierung in Wirtschaft und Gesellschaft dar, wobei die Macht des Präsidenten deutlich ausgebaut und die der gesellschaftlichen Organisationen vermindert wurde. Ob der eher autoritäre Charakter von Putins Präsidentenzeit unter Medwedjew erhalten bleibt, lässt sich gegenwärtig nicht sagen. Gleiches gilt für die Frage des Verhältnisses zwischen Medwedjew und Putin.

Boris Jelzin, Präsident Russlands von 1991 – 1999

Im Gegensatz zur Sowjetzeit spielen in wirtschaftlicher Hinsicht Kriterien der Effizienz sowie Kosten-Nutzen-Rechnungen eine größere Rolle. Dies drückt sich darin aus, dass unrentable Wirtschaftsstandorte aufgegeben werden, weil der Staat sie nicht mehr subventioniert. Somit müssen beispielsweise viele Ansiedlungen in den klimatisch ungünstigen Gegenden verlassen werden, während standortgünstige Metropolen expandieren. Letzteres betrifft ganz besonders Moskau und St. Petersburg, aber auch viele Groß- und Hauptstädte in den anderen GUS-Staaten.

## Zusammenfassung

Die historisch raumwirksamen Entwicklungen im Russischen Reich, der Sowjetunion und der GUS lassen sich wie folgt zusammenfassen:

- Der Ausgangspunkt der Entwicklung liegt bei der **Kiewer Rus**. Die germanischen Waräger beherrschten dort ein seit 988 byzantinisch-orthodox gewordenes Reich. Es zerbrach als Folge des Mongolensturms im 13. Jahrhundert. Für eineinhalb Jahrhunderte wurde Russland „asiatisch" beherrscht.
- Im 14. Jahrhundert löste sich das Fürstentum Moskau von der Tatarenherrschaft und wurde zur Keimzelle des späteren **Russischen Reiches**. Die Moskauer Fürsten, später Zaren, eroberten weite Gebiete Sibiriens und Nordrusslands. Nach dem Fall Konstantinopels wurde Moskau das „Dritte Rom".
- Unter der Dynastie der **Romanows** ab 1613 expandierte das Russische Reich nach Westen und Süden. Anfang des 19. Jahrhunderts erreichte Russland zum Westen hin seine **maximale Ausdehnung**.
- In der zweiten Hälfte des 19. Jahrhunderts wurde das Russische Reich zum klassischen **Vielvölkerstaat** mit den Russen als der führenden Nation. Im Zeichen des zunehmenden Nationalismus begann eine signifikante **Russifizierung** der nicht-russischen Randgebiete des Reiches.
- Der Zusammenbruch des Zarenreiches im Ersten Weltkrieg und die **bolschewistische Revolution** von 1917 unter **Lenin** veränderten das Russische Reich fundamental. Die westlichen Randgebiete wurden unabhängige Staaten. Das verbliebene Russland wandelte sich nach Kriegswirren und Bürgerkrieg in die kommunistische **Union der Sozialistischen Sowjetrepubliken**. Unter der brutalen Herrschaft **Stalins** wurden die Landwirtschaft kollektiviert und die Industrieentwicklung extrem vorangetrieben. Dabei wurden millionenfach Zwangsarbeiter, Straf- und Kriegsgefangene eingesetzt.
- Nach dem **Zweiten Weltkrieg** entstand bis 1989/91 unter sowjetischer Führung ein kommunistischer Staatengürtel in Mittel- und Osteuropa.
- 1989/91 wurden die mittel- und osteuropäischen Staaten demokratisch und marktwirtschaftlich. Sie traten der EU und der NATO bei. Die baltischen Staaten wandten sich von Russland ab. Die verbliebenen zwölf Sowjetrepubliken schlossen sich als souveräne Staaten zum lockeren Verbund der GUS zusammen. Sie durchlebten eine tiefe Wirtschaftskrise, von der sie sich langsam erholen. Die marktwirtschaftlichen, demokratischen und rechtsstaatlichen Elemente dieser Staaten bedürfen noch einer weiteren Festigung.

# Die administrative und politische Struktur

## 1 Die administrative Struktur Russlands

Die offizielle Bezeichnung für Russland lautet **Russische** oder **Russländische Föderation**. Der Begriff „Föderation" weist bereits darauf hin, dass es sich nicht um ein einheitliches Gebilde mit lediglich verwaltungsmäßigen Unterteilungen handelt (wie z. B. Frankreich mit seinen Départements), sondern um ein Staatswesen mit föderalistischem Charakter. Die Föderation ist aber auch kein bundesstaatliches Gebilde wie z. B. die USA oder Deutschland, wo sich der Gesamtstaat in (Bundes-)Länder gliedert, die qua eigener Verfassung bestimmte innerstaatliche Kompetenzen ausüben.

Der administrative Aufbau Russlands ist komplizierter. Unterhalb der gesamtstaatlichen Ebene mit der Hauptstadt Moskau existieren aktuell (Datenstand Januar 2009) **83 Subjekte der Russischen Föderation**, wobei es derzeit Bestrebungen gibt, einzelne Subjekte zu je einem neuen Subjekt zusammenzulegen. Der Begriff „Subjekt" verdeutlicht, dass diese Gebietseinheiten mit ihren Verfassungen und Parlamenten formal ein eigenständiges politisches Leben führen. Bisher hatten sie von der Bevölkerung gewählte Gouverneure, die regierten und repräsentierten. Präsident Putin schränkte diese regionale Autonomie zugunsten einer stärkeren Zentralgewalt deutlich ein (s. S. 44).

Fläche und Bevölkerungszahl der 83 Subjekte verhalten sich von West nach Ost gegensätzlich. Im Westen und Süden sind die Subjekte relativ klein, weisen jedoch hohe Bevölkerungsdichten auf. Je weiter man nach Sibirien gelangt, desto größer werden die Territorien, während die Bevölkerungsdichte abnimmt.

**Moskau** und **St. Petersburg** nehmen wegen ihrer historischen und aktuellen Bedeutung eine Sonderstellung ein. Sie unterstehen als „Bundesländer" direkt der Föderation. Die Bürgermeister beider Städte sind insofern nicht nur von der Bevölkerung gewählte Stadtoberhäupter und Repräsentanten der Stadt, sie sind gleichzeitig auch Gouverneure und erfüllen gesamtstaatliche Aufgaben, indem sie den Willen der Zentralregierung mitberücksichtigen müssen.

Die Bevölkerung der Russischen Föderation (2006–2008)[4]

| | Gesamtbevölkerung (in 1 000) | Städtische Bevölkerung (in 1 000) | Ländliche Bevölkerung (in 1 000) |
|---|---|---|---|
| Russische Föderation | 142 | 103,8 | 39,0 |
| Moskau (Region) | 146 | – | – |
| Moskau (Stadt) | 10,4 | 10,4 | – |
| St. Petersburg | 4,6 | – | – |

Aufgrund ihrer vielfältigen ethnischen Struktur bestehen derzeit innerhalb der Russischen Föderation neben Moskau und St. Petersburg als Städte föderalen Ranges weitere 21 Republiken, ein autonomes Gebiet, neun autonome Bezirke, sieben Regionalbezirke und 46 Gebiete (russ.: oblasti). Letztere liegen eher im Westen, Norden und der Mitte der Russischen Föderation. Die anderen Subjekte konzentrieren sich im nördlichen Kaukasus-Gebiet (z. B. Tschetschenien, Nordossetien), im Bereich westlich des Ural (z. B. die Republik Tartastan) oder im Norden und Osten Sibiriens (z. B. der Bezirk der Tschuktschen). Autonome Gebiete und Bezirke liegen innerhalb der 46 Gebiete der Föderation, führen jedoch ein verfassungsmäßig garantiertes Eigenleben, wobei sie sich in die Gegebenheiten des Gebietes einfügen müssen. So liegen beispielsweise im Gebiet des westsibirischen Tjumen im Norden die Bezirke der Jamal-Nenzen und die der Chanten und Mansen.

Die administrative Struktur der Russischen Föderation[5]

| | |
|---|---|
| Republiken | 21 |
| Regionalbezirke (kraja) | 9 |
| Gebiete (oblasti) | 46 |
| Föderale Städte (Moskau und St. Petersburg) | 2 |
| Autonomes Gebiet | 1 |
| Autonome Bezirke (okruga) | 4 |
| Distrikte | 1 864 |
| Städte | 1 098 |
| Städtische Gebiete | 333 |
| Städtische Siedlungen | 1 850 |
| Ländliche Gebietseinheiten | 24 326 |

4 Quelle: www.gks.ru
5 Quelle: www.gks.ru, aktualisiert nach Angaben des CIA World Factbooks (2009). Es ist zu beachten, dass es immer wieder Bestrebungen zur Zusammenlegung einzelner Verwaltungseinheiten gibt, sodass sich die genannten Zahlen u. U. ändern können.

Aufgrund der russischen Verfassung von 1993 entsenden alle 88 Subjekte der Föderation jeweils zwei Vertreter in den auf Bundesebene tagenden **Föderationsrat.** Unterhalb der Ebene der Subjekte existieren weitere Unterteilungen. In Moskau und St. Petersburg sind dies Stadtbezirke, in den anderen Subjekten Kreise, Städte und Gemeinden, die seit dem Zusammenbruch der Sowjetunion beginnen, zunehmend ein Eigenleben zu führen und sich nicht mehr nur als ausführende Organe der Moskauer Zentrale zu fühlen.

Präsident Putin hat die Kompliziertheit dieser Struktur erhöht, indem er mithilfe einer Verordnung (russ.: ukas) zwischen der Ebene der Föderation und den Gebieten als neue Verwaltungsebene **sieben Großregionen** geschaffen hat: den Nordwestlichen Bezirk mit Sitz in St. Petersburg, den Zentralbezirk mit Sitz in Moskau, den Bezirk Nordkaukasus mit der Hauptstadt Rostow am Don, den Wolga-Bezirk mit dem Hauptort Nishnij Nowgorod, den Bezirk Ural mit Sitz in Jekaterinburg, den Sibirischen Bezirk mit dem Hauptort Nowosibirsk sowie den Fernöstlichen Bezirk mit Chabarowsk an der Spitze.

Die Großregionen der Russischen Föderation

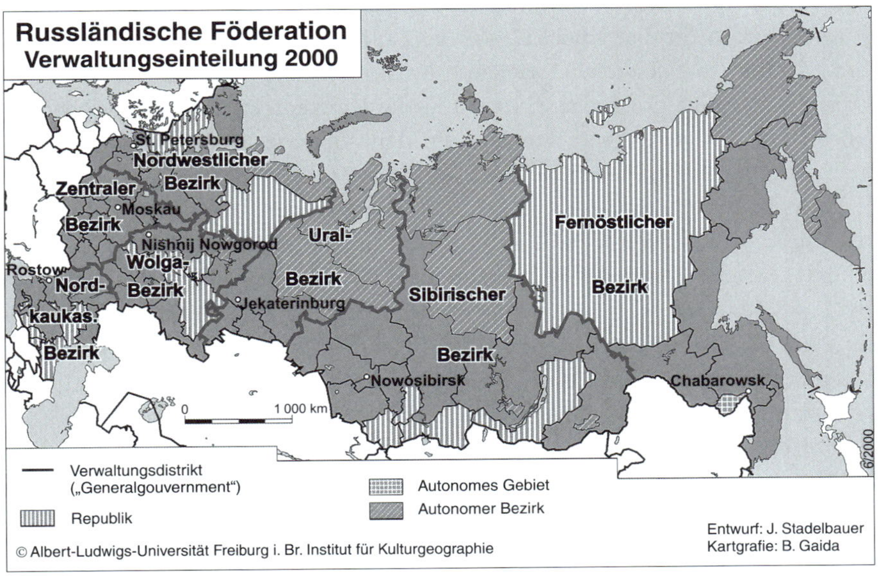

Die Großregionen werden von **Gouverneuren** geleitet, die der Präsident einsetzt, ohne dass andere Instanzen daran beteiligt werden. Die Gouverneure sollen dafür sorgen, dass Russland in der Fläche einheitlich verwaltet wird und der Wille der zentralen föderalen Behörden sowie der des Präsidenten in den Gebieten umgesetzt werden.

Somit ist Russland gegenwärtig von oben nach unten folgendermaßen gegliedert: Föderations-(Bundes-)Ebene, sieben Großregionen, 88 Subjekte der Föderation mit unterschiedlichem Status, Kreise, Städte und Gemeinden.

## 2 Das politische System Russlands

Das heutige politische System Russlands basiert auf der von Präsident Jelzin 1993 vorgeschlagenen und in einer Volksabstimmung angenommenen Verfassung. Diese konstituiert das System einer **präsidentiellen Demokratie**, in der der Präsident der Republik bzw. der Föderation nicht nur die repräsentative Spitze des Staates verkörpert, sondern auch das Zentrum der Macht darstellt. Eine solche Konstellation ist tief in der russischen bzw. sowjetischen Geschichte verankert. In der Zeit vor 1917 war der Zar das Zentrum des politischen Systems, in der Sowjetzeit überwiegend der Vorsitzende der Kommunistischen Partei. Das jetzige politische System mit der Konzentration auf den Präsidenten lässt sich in Teilen mit dem System der Weimarer Republik vergleichen. Auch dort verkörperte der Reichspräsident das Machtzentrum.

Formal geht alle Staatsgewalt von den Bürgern der Russischen Föderation aus. Dies geschieht durch Wahlen, Abstimmungen und vereinzelte Volksentscheide. Auf der Ebene der Föderation hat das Volk in der Regel alle vier Jahre zwei Mal Gelegenheit, seinen Willen durch Wahlen zu bekunden. Der Präsident Russlands und das „Unterhaus" des Parlaments, die **Duma**, werden dann neu gewählt. Die Duma und der Föderationsrat bilden zusammen die Bundesversammlung und verabschieden die Gesetze der Föderation.

Weitere zentrale Organe auf Bundesebene sind die Regierung mit dem Ministerpräsidenten an der Spitze sowie das Verfassungsgericht, das ähnliche Funktionen ausübt wie sein Pendant in Deutschland.

Der **Präsident** hat im Verfassungsgefüge eine sehr starke Position inne. Seine Wahl erfolgt nach den Grundsätzen für demokratische Wahlen. So darf der bisherige Amtsinhaber nach zwei Perioden (acht Jahre) nicht mehr gewählt werden. Im Falle einer angestrebten Wiederwahl verfügt der amtierende Präsident über viele Mittel, die Bevölkerung in seinem Sinne zu beeinflussen, z. B. über die regierungsnahen Massenmedien.

Die Kompetenzen des Präsidenten sind schon aufgrund der Verfassung vielfältig. Er ernennt und entlässt die Regierung mit dem Ministerpräsidenten an der Spitze, wobei die Duma einer Ernennung zustimmen muss. Der Präsident bestimmt auch die Kandidaten für die Zentralbank und die Richter an den obersten russischen Gerichten, wobei hier der Föderationsrat zustimmen muss. Der Chef des Sicherheitsrates sowie wichtige Diplomaten bedürfen ebenfalls der Nominierung durch den Präsidenten.

Das Regierungssystem der Russischen Föderation

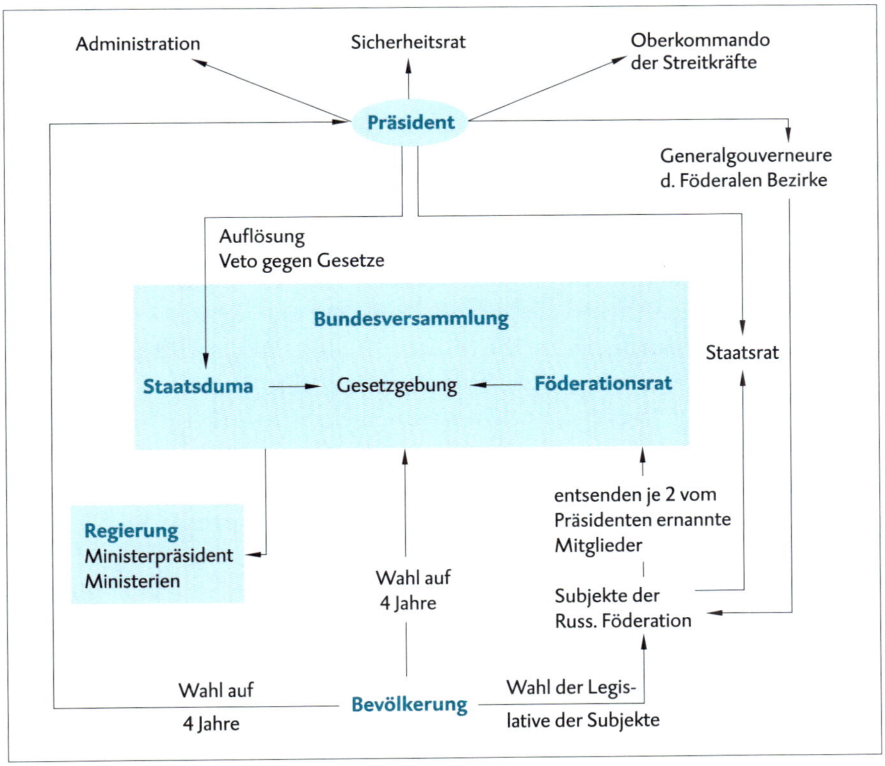


Die weit reichenden personellen Kompetenzen werden unterstützt durch ein verzweigtes System der **Präsidialverwaltung**. Diese gliedert sich in fünf große Bereiche, die eine Art Nebenregierung darstellen. An der Spitze steht das Präsidentenbüro, das den Präsidenten in allen Politikbereichen berät, Gesetze und Verordnungen entwirft sowie Koordinationsaufgaben zwischen den wichtigsten Institutionen wahrnimmt. Eine zentrale Bedeutung kommt dem Sicherheitsrat zu, dem der Präsident vorsitzt. Er spielt die entscheidende Rolle in allen Fragen der nationalen Sicherheit und der Verteidigung. Präsidenten-Kommissionen und -räte sind für fast alle Bereiche der Politik zuständig und arbeiten neben der Regierung. Schließlich existiert ein präsidentielles Kontroll-Direktorat, das die Aufgabe hat, die Ausführung von Gesetzen und Verordnungen zu kontrollieren. Der Präsident ist ferner Oberkommandierender der gesamten Streitkräfte.

Präsident Putin stärkte 2004 seine Position in personeller Hinsicht dadurch, dass er den Subjekten der Föderation das Recht auf die Direktwahl der Gouverneure nahm. Jetzt schlägt der Präsident einen Kandidaten vor, den die Regionalparlamente nur noch bestätigen müssen. Bisher saßen der direkt gewählte Gouverneur eines Gebietes und der Vorsitzende des Regionalparlaments im Föderationsrat. Auch dies beseitigte Putin. Seit 2004 ernennt der Präsident die jeweiligen zwei Repräsentanten in dem föderalen Legislativorgan, das damit zu einer Art „Erfüllungsgehilfen" des Präsidenten wird.

Auch gegenüber der Duma verfügt der Präsident über bedeutsame Rechte. So kann er bei der Wahl zur Volksvertretung über finanzielle Mittel und die Medien massiv ihm nahe stehende Kandidaten und Parteien beeinflussen. Auf diese Weise verfügt Putin in der jetzigen Duma mit der von ihm unterstützten Partei *Einiges Russland* über fast die Hälfte aller Sitze. Da diese Partei die meisten Direktmandate errungen hat, kann Putin mithilfe verbündeter Abgeordneter bzw. Parteien fast über eine Zweidrittelmehrheit verfügen. Letztere wird beispielsweise für Verfassungsänderungen benötigt.

Sollte die Duma wichtige Vorhaben des Präsidenten nicht unterstützen, kann er sie auflösen und Neuwahlen herbeiführen. Er kann zentrale Vorhaben an der Duma vorbei dem Volk als Referenden zur Abstimmung vorlegen. Auch muss der Präsident alle Gesetze unterzeichnen. Weiterhin verfügt er über ein Veto-Recht gegenüber Gesetzesbeschlüssen der Bundesversammlung. Andererseits initiiert er die meisten Gesetze, sodass sich sein Wille deutlich in den Vorlagen widerspiegelt. Die Verfassung gibt dem Präsidenten ferner das gesetzgeberische Recht, Verordnungen und Dekrete an der Duma vorbei zu erlassen. Im Falle großer innerer Probleme verfügt der Präsident über ein Notstandsrecht mit außerordentlichen Vollmachten. Seine starke Position wird noch dadurch erhöht, dass die Außenpolitik fast ausschließlich in seinen Kompetenzbereich gehört, während innenpolitische Probleme auch der Regierung und der Legislative zufallen.

Sollte der Präsident Amtsmissbrauch begehen, besteht die Möglichkeit eines Amtsenthebungsverfahrens, dem beide Häuser der Bundesversammlung mit jeweiliger Zwei-Drittel-Mehrheit zustimmen müssen. Ein solcher Fall dürfte bei den Einflussmöglichkeiten des Präsidenten jedoch kaum eintreten.

Gegenüber der Macht des Präsidenten bleibt der Einfluss der beiden Häuser der **Bundesversammlung** gering. Im **Föderationsrat** (entspricht dem deutschen Bundesrat) sitzen überwiegend Gefolgsleute des Präsidenten, seitdem Putin die Wahlmöglichkeiten der Subjekte erheblich eingeschränkt hat. Jeweils zwei Abgeordnete pro Gebiet wirken an der Gesetzgebung mit und vertreten gleichzeitig die Interessen ihres Subjekts gegenüber der Moskauer Zentrale.

Wladimir Putin, Russlands Präsident von 2000–2008

Die **Duma** (entspricht dem deutschen Bundestag) spiegelt über die allgemeinen Wahlen die politischen Grundströmungen im Land wider. Neben der Kreml-Partei *Einiges Russland* und einigen Verbündeten sind dies vor allem die Kommunisten und die rechtsgerichteten, nationalistischen Liberaldemokraten. Beide Parlamentskammern müssen den Gesetzesvorhaben zustimmen, sodass gegenseitige Blockaden denkbar wären, jedoch bei der gegenwärtigen Zusammensetzung der Kammern mit Anhängern Putins unwahrscheinlich sind. Die Duma muss darüber hinaus zustimmen, wenn ein neuer Ministerpräsident ernannt werden soll. Umgekehrt kann sie auch ein Misstrauensvotum abgeben, sodass der Präsident versuchen muss, eine neue Regierung zu bilden. Die **Regierung Russlands** kann in diesem Kontext als Anhängsel der Macht des Präsidenten angesehen werden. Sie beschränkt sich überwiegend auf innenpolitische Angelegenheiten. Der Präsident kontrolliert die Regierung auch dadurch, dass er an ihren Sitzungen teilnehmen und diese auch leiten kann.

In entwickelten Demokratien spielen gesellschaftliche Gruppen, politische Parteien und Massenmedien eine erhebliche Rolle. Dies ist in Russland nur sehr begrenzt der Fall. Markt- und privatwirtschaftliche Strukturen sind noch im Entstehen begriffen. Dies gilt auch für Organisationen, die die politische Willensbildung beeinflussen. Hierzu zählen beispielsweise **Gewerkschaften** und **Arbeitgeberverbände**. Auch die 70-jährige Sowjetherrschaft hat eine Herausbildung derartiger Organisationen unterbunden. Die Zeit seit 1991 war zu kurz, um entsprechende Traditionen und Strukturen hervorzubringen. Kennzeichnend ist in diesem Bereich, dass es noch keinen voll entwickelten **Mittelstand** auf der Basis von Klein- und Mittelbetrieben gibt. Andererseits hat die Art der Privatisierung der maroden Staatsbetriebe aus der Sowjetzeit dazu geführt, dass wenige Personen großen Reichtum erwerben konnten. Diese

**Oligarchen** beeinflussten zeitweilig, besonders unter Jelzin, die Wirtschafts- und Finanzpolitik sehr stark. Putin drängte diesen Einfluss deutlich zurück.

Nach dem Ende der Sowjetunion entwickelte sich eine Vielzahl von **politischen Gruppierungen**. Deren programmatische Orientierung blieb jedoch häufig vage. Oft bildeten bekannte Persönlichkeiten politische Organisationen, deren Programm darin bestand, Personen in Parlamente wählen zu lassen, um wiederum spezifische wirtschaftliche Interessen durchzusetzen und Beziehungen zur Zentralregierung und zum Präsidenten zu knüpfen bzw. zu erhalten. Die organisatorische Basis solcher Parteien ist gering und wenig flächenwirksam. Die durch Jelzin eingeführte Fünf-Prozent-Klausel für die Duma-Wahl und relativ hohe Voraussetzungen für die Wahlzulassung haben die Anzahl der Parteien reduziert. Seit 2003 sind in der Duma nur noch die beiden „Kreml-Parteien" *Einiges Russland* und *Heimat* sowie die rechtsnationalistische *Liberaldemokratische Partei* und die *Kommunistische Partei* vertreten. Nur die Kommunisten können sich auf eine flächendeckende Parteistruktur, die noch aus der Sowjetzeit stammt, stützen. Die politischen Parteien bilden somit kaum eine starke Opposition zum Präsidenten. Einige sind sogar von ihm abhängig.

Auch die **Massenmedien** stellen nur einen geringen Widerpart zur Position des Präsidenten dar. Zwar ist das Erscheinungsbild der Medien gegenüber der Sowjetzeit insgesamt sehr viel bunter und vielfältiger geworden. War es bis 1990 nur möglich, Veröffentlichungen zu tätigen, die der allgemeinen Linie der KPdSU entsprachen, so setzte sich in der Ära Jelzins zunächst eine große Pluralität in allen Bereichen der Massenmedien durch. Viele private, unabhängige Zeitungen, Radio- und Fernsehprogramme entstanden. Gleichzeitig setzte eine **„Oligarchisierung"** der Medienlandschaft ein. Neben dem Staat gelang es wenigen in der Jelzin-Ära reich gewordenen Finanz- und Wirtschaftsmagnaten, den Oligarchen, immer mehr Eigentum an Zeitungen, Radio- und Fernsehstationen zu erlangen. Sie verfolgten damit neben wirtschaftlichen auch politische Ziele, um die Gesamtpolitik in ihrem Sinne zu beeinflussen.

Präsident Putin gelang es in seiner Amtszeit, den Einfluss der Oligarchen zurückzudrängen und den des Staates erheblich auszuweiten. Eine regierungs- und präsidentenkritische Medienlandschaft existiert mittlerweile in Russland nicht mehr. Auch ein demokratischer und rechtsstaatlich gesicherter Meinungsaustausch findet gegenwärtig kaum noch statt.

Das politische System, dass sich mittlerweile unter Putin in Russland etabliert hat, bezeichnet Putin als **gelenkte Demokratie**. Aufgrund der Machtfülle des Präsidenten und der zahlreichen Beschränkungen demokratischer Institutionen befürchten viele unabhängige Beobachter, dass sich Russland auf dem Weg zu einem autokratisch regierten Staat befindet.

# 3 Verwaltungsstruktur und politische Systeme der anderen GUS-Staaten

Die Verwaltungsstruktur der anderen GUS-Staaten unterscheidet sich in mancherlei Hinsicht von der Russlands. Ein Hauptgrund dafür ist die meist viel geringere Landesgröße dieser Staaten, die flächenmäßig deutlich kleiner oder relativ dünn besiedelt sind. Somit ist ihre Verwaltungsstruktur einfacher als diejenige Russlands.

Unterhalb der gesamtstaatlichen Ebene sind die weiteren GUS-Staaten überwiegend in **Provinzen** oder **Regionen** eingeteilt. Die Ukraine beispielsweise kennt 24 Regionen sowie den Bezirk der Hauptstadt Kiew. Hinzu kommt die autonome Republik Krim. Kasachstan ist in 14 Regionen sowie den Bezirk der Hauptstadt Astana unterteilt. Die kleineren GUS-Staaten verfügen über entsprechend weniger Regionen oder Provinzen. In einigen dieser Länder existieren ferner politisch **autonome Verwaltungseinheiten**, wenn es regional kompakte ethnische Minderheiten gibt. Dies betrifft beispielsweise die Kaukasus-Staaten. Für diese autonomen Gebiete existieren auch regionale Parlamente und politische Führungen, die jedoch nur eine eingeschränkte Handlungskompetenz besitzen. Anderseits versuchen einige dieser autonomen Regionen, sich gänzlich aus dem jeweiligen Staatsverband zu lösen, sodass es zu bürgerkriegsähnlichen Konflikten wie beispielsweise in Georgien kommt.

Die **Regionen** werden in der Regel von Gouverneuren geführt, die von den Präsidenten oder Regierungen der Staaten eingesetzt werden. Eine bemerkenswerte Selbstständigkeit der Regionen existiert jedoch kaum. Somit sind die meisten nicht-russischen GUS-Staaten Einheitsstaaten. Nur die Staaten mit autonomen Gebieten weichen von diesem Schema ab.

Unterhalb der Regionsebene gibt es **Kreise**, **Städte** und **Gemeinden** mit kommunalen Parlamenten und Bürgermeistern. Nur die großen Städte erlangen in diesem System ein größeres Eigengewicht. Die Vorgaben und Weisungen der zentralen Behörden spielen für das Handeln der Kommunen eine zentrale Rolle. Hinzu kommt, dass die finanzielle Basis der Kommunen sehr begrenzt ist und sie oft von den Zuweisungen aus dem zentralen Haushalt des Staates leben.

Die politischen Systeme der GUS-Staaten ähneln sich. Überwiegend handelt es sich um **autoritäre präsidentielle Systeme**, in denen der jeweilige Staatspräsident die zentrale politische Rolle spielt. Insofern wirkt das russische Vorbild in Theorie und Praxis dieser Staaten sehr stark. **Autokratische Tendenzen** existieren in einigen Staaten auch dadurch, dass die Präsidenten versuchen, ihre Amtszeiten zu verlängern. Die meisten postsowjetischen Verfassungen sehen Begrenzungen der präsidialen Tätigkeiten auf zwei Wahlperioden vor. Mittlerweile häufen sich aber die Versuche der jeweiligen Präsidenten, Amtstätigkeiten auf Lebenszeit qua Verfassungsänderung zu ermöglichen, beispielsweise in Weißrussland oder Turkmenistan.

In allen Nachfolgerepubliken der Sowjetunion gibt es seit den 90er-Jahren des 20. Jahrhunderts Verfassungen, die ein demokratisches System festschreiben. Es existieren Grundrechte, legislative, exekutive und judikative Organe, deren Struktur den Verfassungen in anderen Staaten Europas ähnelt. Demnach gibt es eine unabhängige Gerichtsbarkeit, Parlamente, die aus freien und demokratischen Wahlen hervorgehen und eine Regierung bestätigen müssen sowie Präsidenten, die das Wahlvolk in Referenden bestätigt oder selektiert. Typische Beispiele für die politischen Systeme der meisten GUS-Republiken sind die mittelasiatischen Staaten.

## Die mittelasiatischen Staaten: Beispiel Kasachstan

Nursultan A. Nazerbajew, Präsident Kasachstans seit 1991

Das politische System Kasachstans kann als **Präsidialdemokratie** bezeichnet werden. Ist der **Präsident**, das Staatsoberhaupt, einmal vom Volk gewählt, hat er fast unumschränkte Vollmachten. Beispielsweise ist er dem Parlament nicht verantwortlich. Er bestimmt die wesentlichen Linien in der Innen- und Außenpolitik und setzt alle wichtigen Personen in ihre Ämter ein. So bestimmt er die obersten Richter, die Offiziere der Armee, die Provinzgouverneure, den Ministerpräsidenten sowie die Minister. Er befehligt die Streitkräfte, die Polizei sowie Sondertruppen und den Geheimdienst. Er bestimmt sogar einige Mandatsträger für beide Häuser der Legislative.

In Kasachstan existieren zahlreiche **politische Parteien** oder **Gruppierungen**, deren organisatorische Struktur jedoch wenig gefestigt ist. Eine Ausnahme bildet die Kommunistische Partei, die noch aus der Zeit der Sowjetunion über eine breitere Basis verfügt. Die Gründung und Zulassung von Parteien bleibt begrenzt, denn die Parteien dürfen die Stabilität des Landes nicht gefährden. Dieser juristische Passus eröffnet der vom Präsidenten abhängigen Wahlkommission die Möglichkeit, unliebsame Parteien zu verbieten oder nicht zu den Wahlen zuzulassen. So ist es dem derzeit amtierenden Präsidenten **Nazerbajew** gelungen, aus den Parlamentskammern Akklamationsgremien (Gremien, die ohne Widerspruch zustimmen) für seine Politik zu machen. Eine echte

Opposition existiert somit kaum. Die Parlamentswahlen vom August 2007 sicherten der Partei „Nur Otan“ von Nazerbajew daher 88 % aller Stimmen und alle 88 Sitze im Parlament, auch dank einer 7 %-Hürde bei den Wahlen. Auch in den **Massenmedien** kommen regierungskritische Äußerungen kaum vor. Sie sind dem Wohl und der Stabilität des Landes verpflichtet. Was das im Einzelnen bedeutet, bestimmt letztlich der Präsident. Somit ist es auch möglich, bei Präsidentenwahlen unliebsame Kandidaten massiv einzuschüchtern oder ihre Kandidatur zu verbieten. Hinzu kommt noch, dass die kasachischen Behörden als exekutiver Arm des Präsidenten häufig willkürlich Verbote oder Genehmigungen erteilen.

## Die Staaten Ukraine, Armenien, Georgien

In gewisser Hinsicht demokratischer als die mittelasiatischen Republiken sind die politischen Verhältnisse in der Ukraine, Armenien und Georgien. Alle drei Staaten versuchen, sich der EU und dem Europarat anzunähern. Um deren politische und verfassungsrechtliche Standards zu erreichen, sind die autoritären Strukturen in diesen drei Staaten schwächer ausgeprägt, und Oppositionsgruppen haben größere Chancen. Die Einflussmöglichkeiten der jeweiligen Präsidenten sind begrenzter und die Menschenrechte stärker gesichert, jedoch weiterhin gefährdet durch exekutive Übergriffe und Willkür.

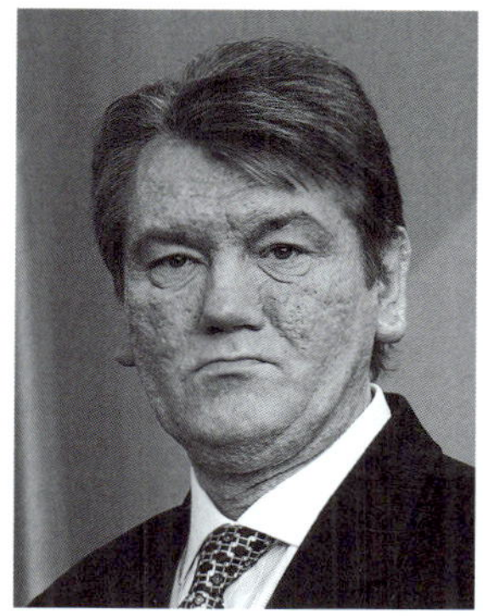

Der seit Ende Dezember 2004 regierende ukrainische Präsident Juschtschenko

So kam es nach einer von Manipulationen geprägten Präsidentschaftswahl im Dezember 2004 in der Ukraine zu massiven Bevölkerungsprotesten gegen Wahlfälschung („orangene Revolution“). In einem wiederholten zweiten Wahlgang wurde der Oppositionspolitiker **Juschtschenko** zum neuen **ukrainischen Präsidenten** gewählt, was weltweit als Signal für mehr Rechtsstaatlichkeit und Demokratie in der Region aufgefasst wurde. Der politische Widersacher Juschtschenkos, der frühere Ministerpräsident **Janukowitsch**, konnte nach den Wahlen von 2006 jedoch einen Teil seiner einstigen politischen Macht zurückgewinnen und war 2006 und 2007 Premierminister der Ukraine. Auch in Georgien kam es im Jahr 2003 durch eine friedliche Revolution zu politischen Umwälzungen.

Die administrativen und politischen Strukturen brachten erhebliche Konsequenzen in räumlicher Hinsicht hervor. Ähnlich wie zu Zeiten der Sowjetunion werden immer noch viele wichtige Entscheidungen zentral im Umkreis der

Präsidenten getroffen. Lokale und regionale Initiativen für die Entwicklung der jeweiligen Räume spielen oft nur eine untergeordnete Rolle, denn die Übermacht der Zentrale wirkt lähmend. Ein Wettbewerb der Regionen mit der Folge von Innovationen bleibt damit sehr begrenzt. Vielfach initiiert der Staat räumliche Entwicklungen. Die überbordende Bürokratie in diesen Staaten behindert nicht nur die Tätigkeit der untergeordneten Gebietseinheiten, sondern auch private unternehmerische Initiativen, deren Realisierung immer stärker vom Wohlwollen der zentralen Exekutive abhängt. Damit werden gute Beziehungen zum engeren Kreis der Exekutive bzw. des Präsidenten wichtig.

Die Beziehungen Russlands zu den anderen GUS-Staaten sind einerseits eng, aber auch konfliktreich. Russland möchte die neuen Staaten an sich binden, letztere sind vielfach bestrebt, den russischen Einfluss zurückzudrängen.

2007 und 2009 unterbrach Russland jeweils für längere Zeit Erdgaslieferungen in die Ukraine, um höhere Abnahme- und Transitpreise (für Lieferungen in die EU) durchzusetzen. Die Ukraine und deren Bewohner wurden dadurch empfindlich getroffen (Winterkälte). Letztlich musste sich die Ukraine den russischen Forderungen beugen, konkret denjenigen des Erdgaslieferanten **Gazprom**. Im Januar 2008 besetzte die russische Armee große Teile Georgiens. Damit demonstrierte Russland seinen Anspruch, in der Kaukasus-Region weiterhin eine bestimmende Rolle zu spielen. Versuche der Ukraine und Georgiens, sich der NATO anzunähern, sind damit praktisch am russischen Widerstand gescheitert.

## Zusammenfassung

- Die **administrative Struktur** der GUS-Staaten differiert stark voneinander. Das flächenmäßig große Russland verfügt über einen mehrere Ebenen umfassenden Verwaltungsaufbau, derzeit bestehend aus der Föderationsebene, 7 Großregionen, 88 Subjekten, Regionen/Provinzen, Kreisen und gemeindlichen Einheiten. Innerhalb der Subjekte existieren zahlreiche autonome Republiken und Regionen sowie die besonderen Einheiten Moskau und St. Petersburg. Die unteren Gebietseinheiten verfügen über eigene repräsentative Parlamente und Exekutiven, obwohl während der Amtszeit Präsident Putins die **Zentralisierungstendenzen** und der **Abbau der autonomen regionalen Rechte** zugenommen haben.
- Die anderen GUS-Staaten sind überwiegend Einheitsstaaten, die in einzelne von der Zentrale dirigierte Provinzen bzw. Regionen aufgeteilt sind. Zuwei-

len gibt es im Ansatz autonome Regionen mit einer eigenen Repräsentanz in legislativer und exekutiver Hinsicht, wobei diese Gebiete häufig versuchen, sich vom Gesamtstaat abzutrennen.

- Die politischen Systeme der GUS-Staaten lassen sich dadurch charakterisieren, dass der **Präsident das Zentrum des politischen Geschehens** bildet. Die Regierungen hängen in der Regel vom Wohlwollen des Staatsoberhauptes ab. Über verschiedene Vollmachten und Institutionen sichern sich die Präsidenten mehr oder weniger die Kontrolle über die Legislativ- und Judikativorgane sowie im Ansatz auch über die Massenmedien. Manche Präsidenten versuchen, ihre Amtszeiten über die von den Verfassungen vorgesehenen Begrenzungen hinaus zu verlängern.
- Die **politischen Parteien** sind in ihrer Struktur noch unterentwickelt. Die Menschenrechte gelten oft nur sehr eingeschränkt und werden durch Willkürakte der Behörden beeinträchtigt.
- Russland versucht, politisch, wirtschaftlich und auch militärisch die ehemaligen Sowjetrepubliken weiterhin eng an sich zu binden.

# Agrargeografie Russlands und der anderen GUS-Staaten

## 1 Die Agrarzonen

Die agrarzonale Gliederung der GUS-Staaten folgt überwiegend den natürlichen Gegebenheiten, die von Klima und Bodenverhältnissen vorgeben werden. Agrarische **Gunsträume** sind folglich die Gebiete innerhalb des **Atlantischen Keils**, während die Regionen nordöstlich bzw. südlich davon **Ungunsträume** darstellen. Dennoch findet auch in den Ungunsträumen neben einer extensiven zum Teil eine intensive agrarische Nutzung statt.

Die Agrarzonen verlaufen weitgehend breitenkreisparallel. Je nach Kategorisierung ergibt sich eine unterschiedliche Anzahl von Zonen. Nach der vorherrschenden agrarischen Nutzung lassen sich die im Folgenden beschriebenen Unterteilungen vornehmen.

Die **Ungunsträume** im Norden lassen sich drei Zonen zuordnen:

- Im äußersten Norden Russlands gehören einzelne Gebiete zur **polaren Kältewüste**, die keine Vegetation zulässt und damit jegliche Bodennutzung ausschließt. Selbst für extensive Formen viehwirtschaftlicher Nutzung (z. B. umherziehende Rentierherden) fehlen die Voraussetzungen. Dies gilt auch für einige Hochgebirgszonen in den südlichen Randgebirgen (z. B. Karpaten, Kaukasus, Hindukusch).
- Die **Tundrengebiete**, die sich nach Süden anschließen, ermöglichen eine extensive Nutzung durch umherziehende Viehherden (vor allem Rentiere). Diese liefern die Existenzbasis für einige autochthone Völker Sibiriens. Neben der Selbstversorgung werden die gewonnenen Fleisch- und Fellbestände aus diesen Regionen auch exportiert.
- Der größere Teil der nordöstlichen Ungunsträume besteht aus der **Taiga**. Deren Nadelholzbestände ermöglichen auf Dauer eine ertragreiche Holzwirtschaft, wenn sie den klimatischen Verhältnissen angepasst und somit wirtschaftlich motivierter, jedoch ökologisch schädlicher Raubbau vermieden wird.

Formen der Landwirtschaft auf dem Gebiet der GUS-Staaten und im Baltikum

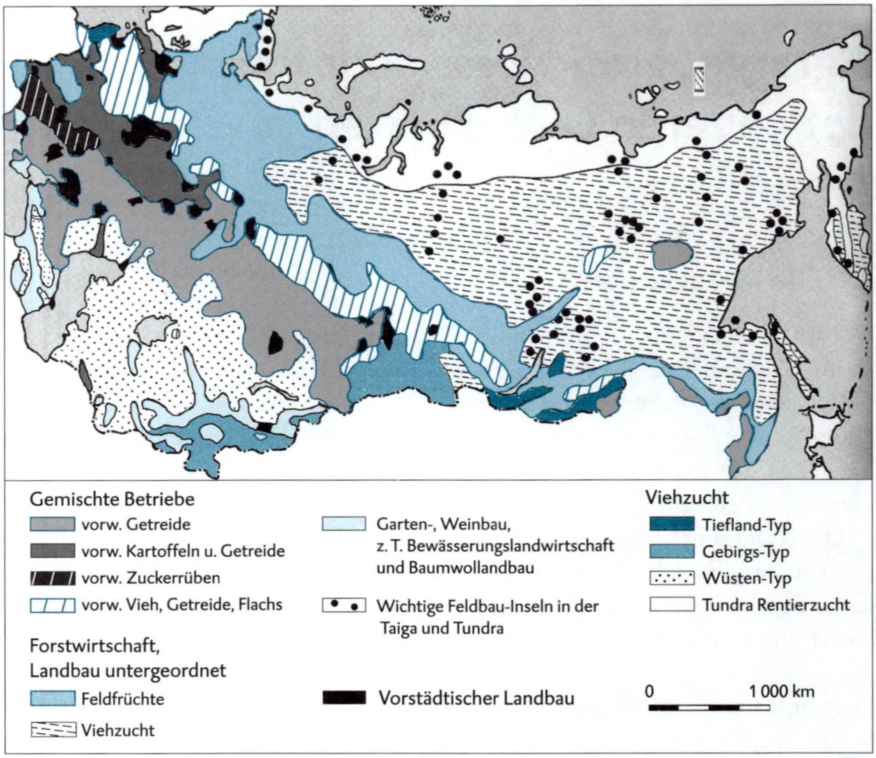


Innerhalb des **Gunstraumes** des **Atlantischen Keils** gestaltet sich die agrarische Nutzung sehr unterschiedlich:

- Im Westen des Bereichs, also im nördlichen Ostpreußen sowie nahe den baltischen Staaten, dominiert aufgrund des feuchten, von der Ostsee beeinflussten Klimas eine **viehwirtschaftliche Nutzung**, sodass die Fleisch- und Milchproduktion eine große Rolle spielt. Hinzu kommt Kartoffelanbau, der die Grundernährung der Bevölkerung sichert.
- An diesen Milchwirtschaftsgürtel schließt sich bis zum Ural eine Zone mit **gemischter Nutzung** an, in der neben der Viehzucht (Schweine, Rinder, Hühner) Ackerbau vorherrscht. Flachs, Kartoffeln, Roggen und in geringerem Maß auch Gerste bilden die Hauptanbaufrüchte.
- Der südliche Teil des Atlantischen Keils besteht aus zwei überwiegend ackerbaulich genutzten Zonen. Der mittlere und südliche Teil der Ukraine sowie große Teile Südrusslands, Moldawiens und Nordgeorgiens werden häufig als

**Kornkammer** der GUS bezeichnet. Der Anbau von Winterweizen, Mais, Zuckerrüben und Wintergerste sowie Schweinezucht beherrschen die Landwirtschaft.

- Im weiter östlich anschließenden Gebiet, das punktuell bis zum Baikalsee reicht, dominiert neben der **Viehzucht** der Anbau von **Sommergetreide** (Weizen, Gerste).
- Im südlichen Teil des Fernen Ostens wird dieser Nutzungstyp durch den Anbau von **Sojabohnen** ergänzt.

In den **Randbereichen** der GUS-Staaten, die an das Schwarze bzw. das Kaspische Meer grenzen, gibt es zwei Zonen mit intensiver agrarischer Nutzung:

- Im gesamten Gebiet spielt der Anbau von **Wein, Obst und Gemüse** eine große Rolle.
- Als Besonderheit gilt das georgische Gebiet zwischen Kaukasus und Schwarzem Meer. Das mediterrane Klima ermöglicht dort neben Obst- und Weinanbau eine **subtropische Landwirtschaft** mit der Kultivierung von Tee, Zitrusfrüchten und anderen Produkten.

Den Raum der fünf mittelasiatischen GUS-Staaten (Kasachstan, Usbekistan, Kirgisistan, Turkmenistan, Tadschikistan) kennzeichnen zwei Agrarsysteme:

- Die größte Fläche nehmen Trocken-, Halbwüsten- und Wüstengebiete ein. Deshalb ist hier nur eine **extensive Landwirtschaft** möglich. Ackerbau und ortsgebundene Viehzucht scheiden aus. Lediglich umherziehende Schafherden nutzen die teils sehr spärliche Grasvegetation.
- Die hohe Sonneneinstrahlung und Trockenheit ermöglichen gleichzeitig intensiven Landbau in Form von **Bewässerungslandwirtschaft**. Dies geschieht seit den 60er-Jahren des 20. Jahrhunderts im Bereich der Flüsse, die in Zentralasien entspringen und nach Norden entwässern (z. B. Amudarja und Syrdarja). Neben Obst und Gemüse wird Baumwolle angebaut.

Punktuell und oasenähnlich hat sich eine weitere Nutzungsform herauskristallisiert, die man als **(vor-)städtische Landwirtschaft** bezeichnen kann. Diese hat sich im Umkreis der großen Städte und Ballungsräume entwickelt, um die dicht besiedelten Räume mit frischen oder leicht verderblichen Produkten zu versorgen. Hierzu zählen Milch, Milchprodukte sowie Obst und Gemüse. Diese Form der Landwirtschaft findet sich auch unter den klimatisch besonders schwierigen Bedingungen Sibiriens. Hier ermöglichen die reichlich vorhandenen Energierohstoffe, unter künstlichen Bedingungen (Gewächshauskulturen) entsprechende Produkte anzubauen.

Einen Überblick mit typischen Beispielen von Anbauprodukten, Wachstums- und Erntezeiten im Kontext klimatischer Gegebenheiten vermittelt der folgende **regionale Anbaukalender**.

## Regionaler Anbaukalender

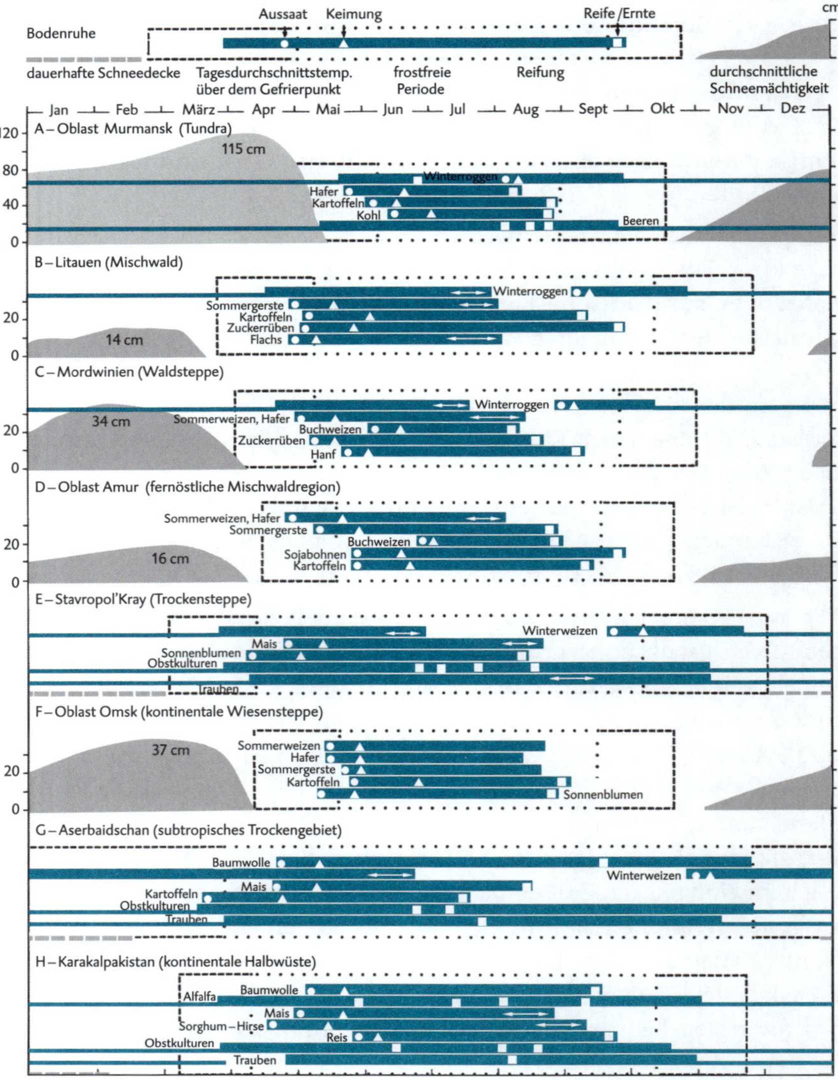

# 2 Die Entwicklungsetappen der Landwirtschaft in Russland und in der Sowjetunion

## 2.1 Entwicklung der Landwirtschaft bis 1917

Während der meisten Etappen der neueren Geschichte waren die russischen bzw. sowjetischen Bauern unfrei. Dies wirkt sich bis heute in der Landwirtschaft stark aus und behindert eine effektive Struktur des Agrarsektors.

Waren die Bauern in der Frühzeit des Kiewer und Moskauer Fürstentums frei, so entwickelte sich bis zur Mitte des 17. Jahrhunderts die **Leibeigenschaft** zu einer unumschränkten Einrichtung. Diese dehnte sich auch auf die später russisch gewordenen Gebiete aus. Die russischen Bauern waren rechtlos, verkäuflich und der Willkür der drei großen Landeigentümer (Großgrundbesitzer, Staat, Kirche) ausgeliefert.

Ein ansatzweise freies Bauerntum konnte sich erst im Verlauf des 19. Jahrhunderts entfalten. Die Bauern in den **westlichen Randgebieten** des Russischen Reiches wurden zuerst von der Leibeigenschaft befreit. Es handelte sich dabei um die Gebiete Kongress-Polen sowie um die heutigen Staaten Finnland, Estland, Lettland, Litauen und Moldawien (ehemals Bessarabien). Hier konnten sich nach dem Wiener Kongress von 1815 durch Einflüsse aus Preußen, Österreich und Frankreich freiere Besitz- und Agrarsysteme entwickeln. Freilich spielten auch dort Großgrundbesitzer die dominierende Rolle in der Landwirtschaft, im Baltikum besonders deutschstämmige Barone.

Die russischen Bauern waren bis 1861 rechtlos und verkäuflich

Ein Pendant zu den westlichen Randgebieten bildete Sibirien. Großgrundbesitz und Leibeigenschaft waren dort von untergeordneter Bedeutung. Auf diese Weise gelang es, Bauern aus anderen Gebieten für die agrarische Erschließung dieses Raumes zu gewinnen.

Mitte des 19. Jahrhunderts waren etwa 50 % der Bauern des Reiches Leibeigene. Sie entrichteten ihrem Grundherrn Steuern oder arbeiteten bis zu vier Tage in der Woche für ihn. Manchmal gab es auch eine Kombination dieser Pflichten. Die Grundherren selbst lebten meist in den Städten und überließen Verwaltern die Organisation der Höfe.

Unter der Regierung des Reformzaren **Alexander II.** wurde die **Leibeigenschaft 1861 abgeschafft**. Die Bauern erlangten dadurch die Möglichkeit, vermehrt eigenen Landbesitz zu erwerben. Letzteres gestaltete sich jedoch sehr schwierig, da die leibeigenen Bauern bei ihrer Freilassung weder über genügend Kapital noch über ausreichende Kenntnisse bezüglich moderner Arbeitstechniken verfügten. Die jetzt freien Bauern mussten von ihren bisherigen Grundherren Land kaufen, um rentable Betriebsflächen zu erhalten, wobei die Grundbesitzer häufig das bessere Land für sich behielten.

Trotz der Reform von 1861 blieben die Bauern also überwiegend arm; ihr „Landhunger“ wurde nicht gestillt. Viele suchten daher in den sich entwickelnden Städten neue (Über-)Lebensmöglichkeiten. Diese ehemaligen Bauern bildeten fortan eine Basis des sich herauskristallisierenden **städtischen Proletariats**. Einem kleineren Teil der Bauern gelang es jedoch, über Landerwerb und fortgeschrittene Agrartechnik wohlhabender zu werden. Damit bildete sich eine Schicht von nicht-adeligen Großgrundbesitzern, die **Kulaken**.

Mit der Reform setzte sich im Kern des Russischen Reiches das sogenannte **Mir-System** durch. Dieses hatte zur Folge, dass die (Agrar-)Gemeinde die Verteilung der Ländereien und die Fruchtwechselfolge kontrollierte. Das System verhinderte, dass sich eigenständige, leistungsfähige Agrarbetriebe herauskristallisierten, und konservierte die veraltete, unrentable **Dreifelderwirtschaft**. Obwohl der durchschnittliche Besitz russischer bäuerlicher Betriebe im Jahr 1877 fast 15 ha betrug, reichte die Fläche nicht aus, um eine vielköpfige Familie zu ernähren. Mangel an Kapital und Düngemitteln verstärkten diese Tendenz.

Nach der Revolution von 1905 versuchte der russische Ministerpräsident **Stolypin**, eine vollständige **Privatisierung der Landwirtschaft** durchzusetzen. Bis 1916 gelang es jedoch nur ca. einem Fünftel der Bauern, das Mir-System zu verlassen. Somit blieben auch diese Reformansätze für die große Masse der Bauern Stückwerk.

## 2.2 Entwicklung der Landwirtschaft seit Gründung der Sowjetunion

Nach der Oktoberrevolution 1917 versprach die neue Sowjetführung unter Lenin den Bauern Land. Dieses sollte durch **Enteignung der Großgrundbesitzer** bereitgestellt werden. Als Folge wurden deren Güter mit ihren Viehbeständen und Gerätschaften vielfach geplündert. Das hinzugewonnene Land konnte von den Bauern aus Mangel an Kapital und Arbeitsmitteln oft nicht bewirtschaftet werden. Auch das wieder eingeführte Mir-System behinderte eine effektive Agrarwirtschaft. Die Erträge sanken, Hunger breitete sich aus.

Im Zuge der **Neuen Ökonomischen Politik (NEP)** Lenins ab 1921 wurde das Mir-System gelockert, und die Bauern konnten erstmals weitgehend eigenständig wirtschaften. Die neue Führung reduzierte die Ablieferungspflicht von Produkten und ermöglichte den freien Verkauf. Die Agrarproduktion erhöhte sich schnell. Es entwickelte sich eine relativ wohlhabende Schicht von Kulaken.

Ab 1928/29 prägte Stalin die UdSSR. Die Durchsetzung des sozialistischen Systems hatte die **radikale Kollektivierung der Landwirtschaft** zur Folge. Ausgehend von den Getreideanbaugebieten der Ukraine und Südrusslands wurden bis zum Zweiten Weltkrieg die meisten Regionen der UdSSR davon erfasst. Die Bauern wehrten sich dagegen, vernichteten Getreidelager und Viehbestände, hielten jedoch dem staatlichen Druck und Terror nicht stand.

Bis zum Ende der Sowjetunion existierten **drei Betriebssysteme** in der Landwirtschaft: Kolchosen, Sowchosen sowie ein kleiner privater Sektor. **Kolchosen** waren landwirtschaftliche Produktionsgenossenschaften, also Zusammenschlüsse der Bauern zu einer Genossenschaft, die die anfallenden landwirtschaftlichen Arbeiten gemeinschaftlich erledigten. **Sowchosen** waren Staatsgüter. Das Land gehörte dem Staat und die Beschäftigten der Sowchosen waren quasi Fabrikarbeitern gleichgestellt. Sie arbeiteten für eine feste Entlohnung in der Sowchose. Der **private Sektor** bestand aus dem privaten Hofland der Bauern, das diese nach eigenem Ermessen nutzen konnten.

Im Folgenden werden Kolchosen und Sowchosen anhand einzelner Aspekte verglichen.

### Eigentum

In formeller Hinsicht galt der Staat als Eigentümer der Sowchosen. Sie unterstanden dem Sowchos-Ministerium. Die Kolchosen gehörten über die Genossenschaft den Bauern. Dabei war der Besitz der Bauern faktisch nicht mehr wirksam, weil die Kolchose sich ganz in das sozialistische System einfügen musste. Andererseits gab es eine gewisse Autonomie der Kolchosen, da sie sich im Rahmen der rigiden staatlichen Vorgaben selbst verwalten mussten.

### Betriebsmittel

Land, landwirtschaftliche Geräte, Vieh und Gebäude gehörten bei der Sowchose dem Staat, in der Kolchose jeweils der Genossenschaft zur eigenverantwortlichen Nutzung. Kolchosen besaßen allerdings kaum landwirtschaftliche Großgeräte. Hier stützte man sich auf die **Maschinen-Traktoren-Stationen (MTS)**, staatliche Betriebe, die für die Kolchosen gegen Bezahlung entsprechende Arbeiten verrichteten. Die Sowchosen erhielten Saatgut und Dünger zu sehr günstigen Konditionen vom Staat, während Kolchosen höhere Ankaufspreise entrichten mussten.

### Ablieferung und Preise

Die Sowchosen lieferten sämtliche Erzeugnisse an den Staat. Die dafür gezahlten Preise spielten nur als interne Verrechnung eine Rolle, da der Staat für Verluste einstand. Sowchosen entrichteten im Gegensatz zu den Kolchosen auch keine Steuern. Die Kolchosen mussten neben Steuern **festgesetzte Mengen an Erzeugnissen** zu sehr niedrigen und nicht kostendeckenden Erzeugerpreisen an den Staat abführen. Die Eigenfinanzierung der Kolchose war deswegen nicht gesichert. Insbesondere die Kolchosen leisteten somit einen erheblichen Beitrag, um in der Sowjetunion die Preise für Lebensmittel niedrig zu halten. Dies kam einer Ausbeutung der Kolchosen durch den Staat gleich.

### Entlohnung

Die Sowchosniki (Arbeiter einer Sowchose) bekamen eine staatlich festgesetzte sichere Entlohnung. Diese war unabhängig von der Jahreszeit und dem Betriebsergebnis. Anders die Kolchosniki (Mitglieder einer Kolchose): Sie erhielten kein festes Gehalt, sondern einen Anteil am Betriebsgewinn, der aufgrund der vom Staat diktierten niedrigen Ankaufspreise sehr gering ausfiel. Hinzu kamen Auszahlungen in Naturalien, die sich auch daran orientierten, in welchem Umfang Kolchosniki an den Kolchosarbeiten beteiligt waren.

### Anzahl, Betriebsgröße und Spezialisierung

Beide Betriebsformen der sowjetischen Landwirtschaft entwickelten sich auseinander. Die Anzahl der Sowchosen nahm besonders nach dem Zweiten Weltkrieg stetig zu; die der Kolchosen stieg ab 1928 zunächst sehr stark an, nahm aber nach dem Zweiten Weltkrieg stark ab. Gegen Ende der Sowjetunion näherten sich beide in ihrer jeweiligen Anzahl an.

Die Sowchosen verfügten von Anfang an über deutlich größere Betriebsflächen als die Kolchosen. In Getreideanbaugebieten lagen die bewirtschafteten Flächen häufig über 10 000 ha, während Kolchosen oft kaum ein Viertel dieser Fläche erreichten. Ähnliche Unterschiede zeigten sich bei Viehzucht- und -mastbetrieben. Bei beiden Betriebsformen gab es Tendenzen zu Spezialisierung und Monokultur, wobei in den Kolchosen die Vielfalt im Anbau und in der Viehhaltung noch größer war.

Zahl und Flächen der Betriebe

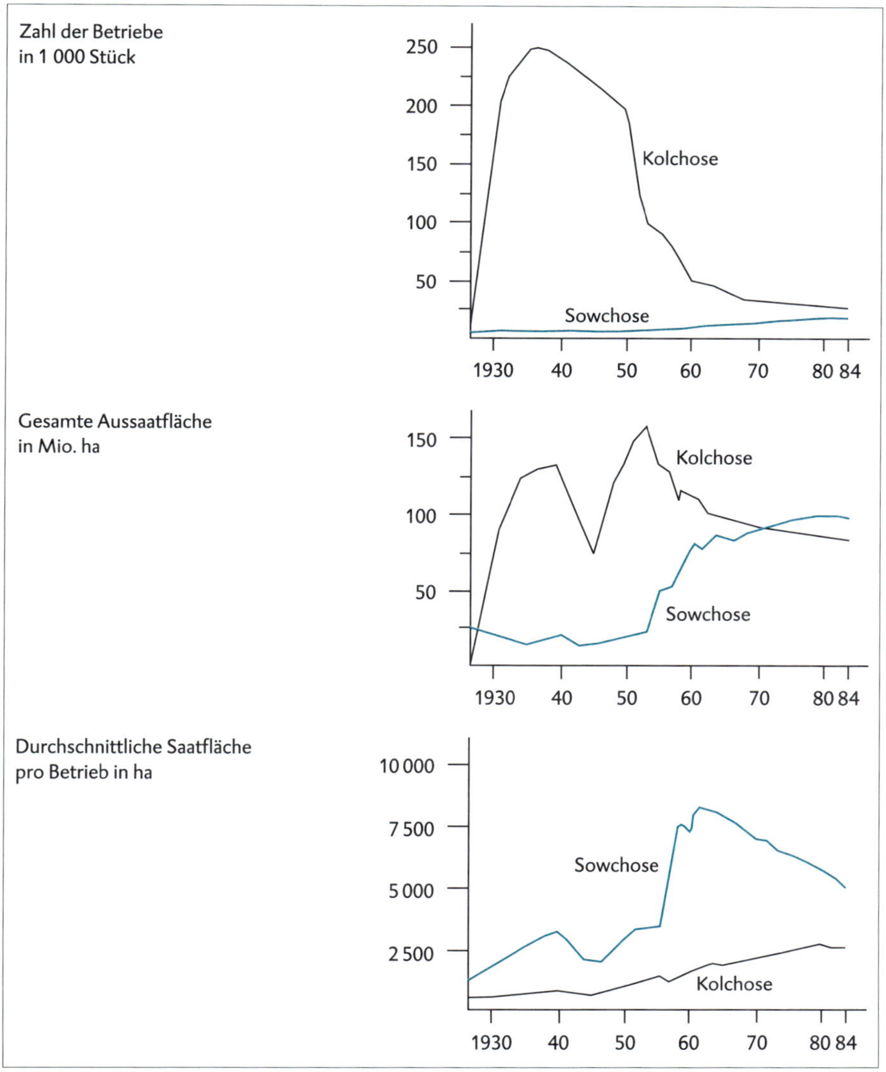

## Probleme der Betriebsformen

Die genannten Betriebsformen der sowjetischen Landwirtschaft brachten zahlreiche Probleme hervor. Nach außen sichtbar war zunächst die in vielen Jahren sowohl quantitativ als auch qualitativ **unzureichende Produktion**. In den meisten Jahren lagen die Produktionsergebnisse unter den Vorgaben der Fünfjahrespläne. Da die Nichterfüllung dieser Pläne einem Gesetzesbruch gleichkam und mit Strafen, Lohnminderung oder Versetzung von Verantwortlichen geahndet werden konnte, wurden in der Folge in hohem Maße falsche Zahlen gemeldet. Die Folge waren **Versorgungsmängel** in weiten Teilen der UdSSR. In den 1970er- und 1980er-Jahren versuchte die sowjetische Regierung, diese Lücken durch **Agrarimporte** zu schließen. Somit gelangten Getreideüberschüsse aus den USA, der EU oder Argentinien in die Sowjetunion. Diese bezahlte die Importe mit Rohstoffen, Gold oder anderen Tauschhandelsprodukten, denn der Rubel, die Währung der UdSSR, hatte international keinen Wert.

Die unzureichende Produktion führte auch noch zu einem anderen Phänomen. Die Produkte, die die sozialistische Landwirtschaft nicht bereitstellte, wurden vielfach auf dem privaten Hofland produziert. So kam es, dass beispielsweise ukrainische Bauern die niedrigen Flugtransportkosten in der UdSSR nutzten, um ihre Waren auf Märkten in Moskau oder Leningrad mit Gewinn abzusetzen, was unter normalen ökonomischen Bedingungen undenkbar wäre.

Entwicklung der landwirtschaftlichen Produktion in Mio. t[6]

| Erzeugnis | 1909/13 | 1946/50 | 1951/55 | 1961/65 | 1971/75 | 1981/84 | Ziele des 12. FJP* |
|---|---|---|---|---|---|---|---|
| Getreide | 72,5 | 64,8 | 88,5 | 130,3 | 181,6 | 176,0 | 250–255 |
| Rohbaumwolle | 0,68 | 2,32 | 3,89 | 4,99 | 7,67 | 9,19 | – |
| Zuckerrüben | 10,1 | 13,5 | 24,0 | 59,2 | 76,0 | 74,8 | 92–95 |
| Kartoffeln | 30,6 | 80,7 | 69,5 | 81,6 | 89,8 | 79,6 | – |
| Gemüse | – | 11,4 | 11,2 | 16,9 | 23,0 | k. A. | – |
| Fleisch | 4,8 | 3,5 | 5,7 | 9,3 | 14,0 | 15,9 | 21 |
| Milch | 28,8 | 32,3 | 37,9 | 64,7 | 87,4 | 93,5 | 106–110 |
| Eier (Mrd. Stück) | 11,2 | 7,5 | 15,9 | 28,7 | 51,4 | 73,6 | 80–82 |
| Wolle (Tsd. t) | 192 | 147 | 226 | 362 | 442 | 459,2 | – |

* FJP: Fünfjahresplan

6 Quelle: Bender, H.-U. / Stadelbauer, J.: Sowjetunion. Ernst Klett Verlag, Stuttgart 1987, S. 44

Im Jahre 1985 ernährte ein Landwirt in der Sowjetunion ca. 14 Verbraucher, in der Bundesrepublik Deutschland 62 und in den USA gar fast 80. Die Ursachen der **niedrigen Produktivität** der sowjetischen Landwirtschaft waren vielfältig. Abgesehen von natürlichen Ungunstfaktoren sind hier vor allem **Systemfehler in der Landwirtschaft** zu nennen. Die meisten Kolchosen und Sowchosen verfügten nur über eine unzureichende Ausstattung mit Maschinen und Geräten. Die vorhandenen waren oft veraltet oder reparaturbedürftig, was zu langen Stillstandszeiten führte. Ersatzteile ließen sich oft nicht beschaffen. Zuweilen fehlte es an Benzin und Öl.

Ein weiteres Problem bestand im **Mangel an Düngemitteln und Saatgut**. Dies minderte Quantität und Qualität der Produkte. Ursache für diesen Mangel waren oft schlechte Transportbedingungen, sodass die benötigten landwirtschaftlichen Hilfsmittel den Landwirten nicht rechtzeitig zur Verfügung standen. Dieses Problem existierte auch beim Transport von den Erzeugern zu den verarbeitenden Betrieben oder den Verbrauchern. Viele landwirtschaftlichen Betriebe lagerten ihre Erzeugnisse unzureichend. Auf diese Weise verdarben beispielsweise 20–30 % der Getreideernte in den Kolchosen oder Sowchosen.

Aufgrund von **Fehlsteuerungen** in der Produktion konnte auch der Bedarf an Futtergetreide für die Viehwirtschaft nicht gedeckt werden. Um diese Lücke zu schließen, wurde über die Hälfte des qualitativ guten Hartweizens, der der Ernährung der Menschen dienen sollte, verfüttert.

Schließlich kamen **Mängel im System** und in der **Organisationsstruktur** hinzu. Das Hauptproblem bestand in der **fehlenden Motivation** der Bauern. Die Ursachen dafür waren zu niedrige Entlohnungen für die geleistete Arbeit sowie die fehlende Identifikation mit dem Betrieb. Kolchosniki und Sowchosniki fühlten sich auf ihrem Grund und Boden weitgehend fremdbestimmt. Dieses Gefühl wurde noch dadurch verstärkt, dass die kollektivierten Einheiten nur sehr eingeschränkte Entscheidungskompetenzen besaßen. Einzelentscheidungen mussten im Sinne der Hierarchie der Instanzen vom Einzelkolchos über die Kreis- und Regionalorgane an die Zentralinstanzen der Republiken oder der Union weitergeleitet werden.

Während der Erntezeit entstanden häufig Probleme dadurch, dass beispielsweise Mähdrescher zu spät eingesetzt wurden. Aufgrund der klimatischen Verhältnisse begann die Getreideernte im Südwesten, während sie in Kasachstan erst später möglich war. Das System der MTS sah vor, die Mähdrescherkolonnen von West nach Ost zu verlegen, um die Maschinen optimal zu nutzen. Ernteverzögerungen, Transportprobleme, Maschinenausfall und früher Herbst- bzw. Winterbeginn in den östlichen Gebieten führten aber oft dazu, dass die Getreideernte nicht oder nur unzureichend eingebracht werden konnte.

Einen Ausgleich für die mangelnde Produktivität der kollektivierten Landwirtschaft lieferte teilweise die **private Landwirtschaft**. Trotz der geringen zur Verfügung gestellten privaten Hoffläche, der Armut an Kapital, leistungsfähigen Maschinen und Düngemitteln kompensierte diese Form der Landwirtschaft manchen Mangel im sowjetischen Agrarsystem. Fleisch, Kartoffeln, Gemüse, Obst und Eier stellten die privaten Erzeuger überproportional zur Verfügung. Hieran ist ersichtlich, dass trotz schlechter Rahmenbedingungen bei hoher Motivation bessere Erträge erzielt wurden. Obwohl von der Sowjetregierung ungeliebt, da nicht zum System passend, spielte der Privatsektor eine bedeutende Rolle im Agrarsystem und verbesserte in vielen Bereichen die Versorgung der Bevölkerung.

## Pläne zur Produktionssteigerung

Um die Mängel des sowjetischen Agrarsystems auszugleichen, startete die sowjetische Führung nach dem Zweiten Weltkrieg **Aktionen zur Produktionssteigerung**. Ein erstes Programm dieser Art wurde 1948 unter Stalin initiiert. Um in den südlichen Teilen des Atlantischen Keils Bodenerosion, Steppenstürme und Austrocknen des Bodens zu reduzieren, wurden beispielsweise am Uralfluss, an der Wolga und am Donez Waldstreifen quer zur Hauptwindrichtung angelegt. Trotz einiger Anfangserfolge wurden diese Maßnahmen nur begrenzt ausgeführt, unter anderem wegen fehlender finanzieller Mittel.

Das spektakulärste Programm zur Produktionsausweitung bildete die **Neulandaktion** ab 1954 unter Nikita S. Chruschtschow. Geografisch lag der Schwerpunkt im nördlichen und mittleren Kasachstan sowie in angrenzenden südlichen Gebieten des Atlantischen Keils. Dabei wurden weite Gebiete der Grassteppe umgebrochen und zum Anbau von Sommergetreide, besonders von Sommerweizen, genutzt. Auf diese Weise wurden zwischen 1954 und Anfang der 60er-Jahre über 60 Mio. ha Grasland in Ackerland umgewandelt. Damit erhöhte sich die Anbaufläche der gesamten UdSSR um ein Drittel. Auch die Getreideproduktion konnte erheblich ausgeweitet werden.

Neben diesen wirtschaftlichen Erfolgen waren jedoch erhebliche **Nachteile** zu verzeichnen. Trotz der guten Böden lagen die Hektarerträge im Vergleich z. B. zur Ukraine eher niedrig. Verheerend wirkte sich die Vernichtung der natürlichen Steppenvegetation aus. Im Kontext der Getreidemonokultur kam es zu gravierende **Bodenerosion** durch Windausblasung, denn der Untergrund war den oft starken, trockenen Winden schutzlos ausgeliefert. Das Ausmaß dieser Schäden erinnert an die Vorgänge der Bodenerosion in den Great Plains der USA in den 30er-Jahren des 20. Jahrhunderts.

Ein weiterer Grund für den mangelnden Erfolg der Neulandaktion ist die hohe **Niederschlagsvariabilität**. Wie die folgende Abbildung zeigt, schwanken die (ohnehin schon relativ geringen) Niederschlagsmengen in diesem semihumiden bis semiariden Raum von Jahr zu Jahr stark. Die enormen Feuchtedefizite in extrem trockenen Jahren wie beispielsweise 1965 oder 1975 verursachten eine starke Minderung der Getreideerträge.

Getreideerträge 1953–1977 in der Wirtschaftsregion Kasachstan im Verhältnis zur Niederschlagsmenge Januar bis Juli am Südsaum des nordkasachischen Trockenfeldbaus

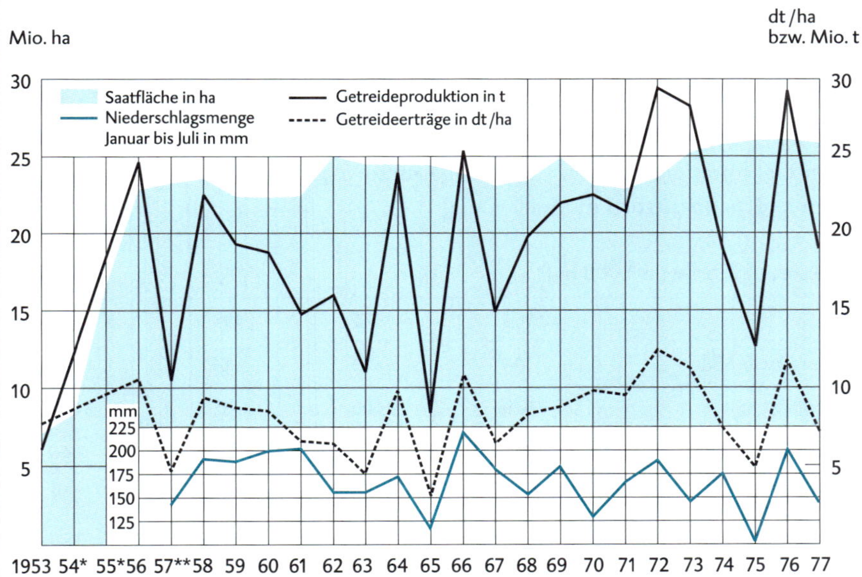


* Keine Jahresangabe für Produktion und Hektarerträge
** geschätzte Niederschlagsmenge

Nach mehreren Missernten versuchte man die entstandenen Probleme durch neue Agrartechniken zu reduzieren. Veränderte Fruchtfolgen, Anbau von Winterweizen und Methoden des **Dry Farming**[7] aus den USA brachten zwar geringe Erfolge, lösten jedoch das Grundproblem nicht, nämlich dass ökologisch sehr sensible Bereiche für eine großflächige monokulturelle Agrarproduktion

7 Beim Dry Farming werden die Niederschläge durch spezielle Bodenbearbeitung und Einschaltung von Brachejahren im Boden angereichert.

nicht geeignet sind. Trotz des guten Bodens lagen die durchschnittlichen Hektarerträge unter denen der gesamten UdSSR.

Der neue Parteichef Leonid Breschnew startete 1965 ein **Intensivierungsprogramm**, vornehmlich in den Nicht-Schwarzerdegebieten des nördlichen und mittleren Russland. Damit sollten die von Natur aus weniger begünstigten Bereiche stärker zur agrarischen Produktion beitragen. Das Programm stand unter dem Motto „Mechanisierung, Chemisierung, Melioration". Die Bodenverhältnisse sollten unter Einsatz moderner Technik entscheidend verbessert werden. Sumpfgebiete wollte man trockenlegen, zu trockene Böden bewässern, mithilfe von Düngemitteln die relative Unfruchtbarkeit vieler Böden reduzieren. Auch hierbei erzielte die sowjetische Führung nur begrenzte Erfolge, weil die Strukturmängel der sowjetischen Landwirtschaft bestehen blieben.

Seit den 1960er-Jahren startete die Sowjetunion vor allem in der **Trockenzone Mittelasiens** intensive **Bewässerungsprojekte** im Bereich der Flüsse, die von den innerasiatischen Hochgebirgen nach Norden fließen. In den bewässerten Gebieten entstanden intensiv genutzte Agrargebiete, die vorrangig der **Baumwollproduktion** dienen.

Bewässerungsfläche (in 1 000 ha)[8]

| | 1965 | 1975 | 1982 | 1984 |
|---|---|---|---|---|
| Turkmenische SSR | 514 | 819 | 1 011 | 1 081 |
| Usbekische SSR | 2 639 | 3 006 | 3 656 | 3 824 |
| Tadschikische SSR | 468 | 567 | 634 | 646 |
| Kirgisische SSR | 861 | 910 | 974 | 998 |
| Mittelasien gesamt | 4 682 | 5 302 | 6 275 | 6 549 |
| UdSSR gesamt | 9 897 | 14 486 | 18 608 | 19 485 |

Um die Mängel in der sowjetischen Landwirtschaft zu bekämpfen, startete die Kommunistische Partei immer wieder öffentliche **Kampagnen**. Durch Aufrufe in den Medien, Einsätze von Jugend- und anderen Organisationen sollte die Produktion der Landwirtschaft gesteigert werden. Auch hier blieben die Erfolge zumeist in den Anfängen stecken. Gegen Ende der UdSSR bediente man sich dieser Mittel nicht mehr.

8 Quelle: Narodnoe chozjajstvo SSSR 1984 godu. Moskau 1984

Viele der Produktionsmethoden der sowjetischen Agrarwirtschaft brachten erhebliche **ökologische Schäden** mit sich. Der monokulturelle Anbau der Kolchosen und Sowchosen laugte den Boden aus und förderte Erosion. Er verstärkte außerdem die Anfälligkeit für Schädlinge, begünstigte Tierseuchen und machte einen intensiven Chemikalien-Einsatz notwendig, der die negativen Folgen dieser Wirtschaftsweise zurückdrängen sollte, aber Mensch und Tier schädigte. Der Aralsee in Mittelasien trocknete aufgrund der Bewässerungsprojekte weitflächig aus (s. S. 151 ff.).

Zusammenfassend zeichnete sich die sowjetische Landwirtschaft durch eine geringe Produktivität, hohe ökologische Belastung und unflexible sowie motivationshemmende Organisationsformen aus.

Wichtige Reformen und Veränderungen in zaristischer und sowjetischer Zeit – agrar- und siedlungspolitische Beschlüsse 1861 bis 1985[9]

| | |
|---|---|
| **1861** | Aufhebung der Leibeigenschaft in Russland; Bauern meist nicht in der Lage, den Grundbesitzern die Ablösesumme für das ihnen zugeteilte Land zu bezahlen; Festhalten an der traditionellen Dorfgemeinschaft (Obschtschina / Mir): regelmäßige Umverteilung des Bodens unter den Dorfmitgliedern; traditionelle Dreifelderwirtschaft. |
| **1907** | Stolypinsche Reformen: Auflösung der Dorfgemeinschaft, Erlass der Ablösesummen. |
| **1917** | Oktoberrevolution; Dekret über Grund und Boden: entschädigungslose Enteignung der Grundbesitzer (Zarenfamilie, Adel, Kirche); Aufteilung der enteigneten Fläche (ca. 200 Mio. ha) an die Bauern. |
| **1918–1921** | Kriegskommunismus/Proletarische Naturalwirtschaft: bäuerliche Ablieferungspflicht, um die Stadtbevölkerung und die bolschewistische Armee im Bürgerkrieg mit Nahrungsmitteln zu versorgen. 1920: Zwangseintreibung landwirtschaftlicher Anbauprodukte, Aufstände gegen diese Maßnahmen. |
| **1921–1928** | Neue Ökonomische Politik (NEP) unter Lenin: Stärkung der Bauern durch verbilligte Produktionsmittel; 1924/1925: Zupacht wird genehmigt; Entstehung einer wohlhabenden bäuerlichen Mittelschicht; Verbesserung der landwirtschaftlichen Produktion. |
| **ab 1928** | Zwangskollektivierung unter Stalin: Überführung der bäuerlichen Einzelbetriebe in Kolchosen. Ziele: Verbesserung der Versorgung der Bevölkerung mit Brotgetreide, Zerschlagung des bäuerlichen Mittelstandes (Kulaken); Einrichtung von Maschinen-Traktoren-Stationen. |
| **1948** | Stalin-Plan: Verordnung zur Anpflanzung von Waldschutzstreifen. |
| **1950** | Schaffung von Großkolchosen, Ziel: Erhöhung der Wirtschaftlichkeit. |
| **1954** | Erschließung von Neuland und Altbrachen mit dem Ziel der Beseitigung des chronischen Getreidedefizits vor allem in Kasachstan, Westsibirien, im Wolgagebiet und Uralvorland. |

9 Quelle: Bender, H.-U. / Stadelbauer, J.: Sowjetunion. Ernst Klett Verlag, Stuttgart 1987, S. 54 f.

| | |
|---|---|
| 1956 | Neulanderschließung in den Trockenräumen der mittelasiatischen Republiken. Ziel: Vergrößerung der Baumwollanbaufläche. |
| 1965 | Intensivierungsprogramm. Ziel: Erhöhung der landwirtschaftlichen Produktion durch verstärkten Einsatz von Maschinen, Düngemitteln und durch Bodenmelioration. |
| 1974 | Nichtschwarzerdeprogramm. Ziel: Verbesserung der Versorgung mit Nahrungsmitteln, insbesondere Fleisch, Milch und Gemüse durch Meliorationsmaßnahmen in der europäischen Nordhälfte ohne die baltischen Republiken. |
| 1982 | Lebensmittelprogramm. Ziel: Verringerung der Abhängigkeit von ausländischen Getreideimporten insbesondere aus den USA durch erhöhte Investitionen im Agrarsektor; Schaffung effektiverer Betriebsformen (Agrar-Industrie-Komplexe), in denen die horizontale und vertikale Kooperation verstärkt wird; Aufwertung der privaten Hoflandwirtschaften. |
| 1984 | Meliorationsprogramm. Ziel: Intensivierung der landwirtschaftlichen Produktion durch umfassende Bodenmelioration; Ausbau der bewässerten Fläche in den Trockenräumen hauptsächlich in Mittelasien, Kasachstan und Aserbaidschan und Erhöhung der Produktion in den Gebieten mit entwässerten (trockengelegten) Böden. |

# 3 Transformationsprobleme nach Auflösung der UdSSR

Seit Mitte der 80er-Jahre des 20. Jahrhunderts begann unter dem letzten Staatspräsidenten der UdSSR, Michail Gorbatschow, eine deutliche **Liberalisierung** der politischen, gesellschaftlichen und wirtschaftlichen Verhältnisse. Wollte Gorbatschow zunächst noch an leninistischen Prinzipien festhalten, so wurde diese Perspektive in allen Nachfolgestaaten der UdSSR nach 1991 aufgegeben, und **Privatisierung** und **Marktwirtschaft** wurden ab 1992/93 bestimmende Prinzipien der russischen Wirtschaftspolitik. Auch die meisten anderen GUS-Mitglieder verschrieben sich diesen Grundsätzen, am wenigsten das autoritäre Regime des Präsidenten Lukaschenko in Weißrussland, in dem kommunistische Strukturen bis heute konserviert werden. Die Aufgabe, eine **Transformation** des alten Systems in ein neues, leistungsfähiges zu erreichen, war und ist noch immer sehr komplex. Eine Reihe von Erblasten wirkt sich negativ im Rahmen dieses Prozesses aus. Die Landwirtschaft ist davon genauso betroffen wie andere Wirtschaftszweige.

Nach wie vor lastet der **administrierte Sozialismus** schwer auf dem Land. Die Bevölkerung war und ist es gewohnt, dass alle wesentlichen Entscheidungen in einer Zentrale gefällt werden. Es gibt noch zu wenige selbst verwaltete Organisationen, die jenseits des Staates eigenverantwortlich Konflikte regeln und Entscheidungen treffen.

Der Verlauf des Privatisierungsprozesses der russischen Landwirtschaft[10]

| | |
|---|---|
| **1988** | Der Privatisierungsprozess der russischen Landwirtschaft beginnt noch unter Gorbatschow: Gorbatschow lässt die Verpachtung von Kolchos- und Sowchos-Land zur Einrichtung von privaten Individual- und Kollektivbetrieben zu. |
| **Juni 1990** | Bauern können mit ihrem „alten" Landanteil aus den Kollektivbetrieben austreten. |
| **Dezember 1990** | Staatliches Landmonopol wird endgültig beseitigt. Die Einrichtung von landwirtschaftlichen Privatbetrieben auf ehemaliger Kollektiv-Nutzfläche und auf bisher ungenutztem Land wird erlaubt. |
| **Dezember 1991** | Alle Kolchos- und Sowchosbetriebe werden Eigentum ihrer Mitglieder. Es gibt außerdem für solche Betriebe folgende Optionen für die Zukunft:<br>1. Sie können liquidieren und die landwirtschaftliche Nutzfläche entweder an den Staat oder an andere Interessenten verkaufen.<br>2. Sie können sich in Privatfarmen aufsplitten.<br>3. Sie können sich selbst an ein Unternehmen oder eine Organisation verkaufen.<br>4. Sie können sich, neben anderen Organisationsformen, als Genossenschaft neu formieren. Von dieser 4. Möglichkeit machen die meisten Betriebe Gebrauch. |
| **März 1992** | Eine 5. Option wird für ehemalige Kolchos- und Sowchosbetriebe erlassen: Sie können ihren früheren Status wieder erhalten unter der Voraussetzung, dass sie sich neu registrieren lassen und das Eigentumsrecht am Besitz übernehmen. |
| **Herbst 2000** | Die Duma stimmt in 1. Lesung der Aufhebung des bisher bestehenden Hypothekenverbots auf landwirtschaftlich genutztem Boden zu. |
| **Seit 2002** | Neues Bodenrecht gewährt mehr Sicherheit für Bauern. Lebenslanges Wirtschaften möglich, jedoch weiter kein Privateigentum für Ausländer. |

Das alte System begünstigt unter anderem folgende Verhaltensweisen und Einstellungen:

- Positive Einstellung zu einer **relativen Einkommens- und Vermögensgleichheit**, garantiert durch staatliche Maßnahmen. Damit misstraut man Personen oder Unternehmen, die durch eigene Anstrengung wohlhabender oder erfolgreicher geworden sind als die große Mehrheit.
- Nicht der individuelle Erfolg steht oft im Mittelpunkt des Wirtschaftsverhaltens, sondern die **Erfüllung von Plänen**, die sich z. T. manipulieren lassen.
- Größtenteils fehlt eine **positive Grundeinstellung zum privaten Eigentum**. Privateigentum an Grund und Boden gab es für Bauern zur Zarenzeit kaum, geschweige denn in der Periode der UdSSR. Die private, sichere Verfügungsgewalt über Eigentum ist jedoch eine der Grundbedingungen für eine funktionierende Landwirtschaft.

10 Quelle: eigene Zusammenstellung

Weitere Faktoren kommen hinzu: Sowchosen, Kolchosen und mögliche künftige Privatbauern verfügen nur über wenig Geldkapital. Dieses ist für den Aufbau einer modernen Landwirtschaft aber dringend erforderlich. Das vorhandene Sachkapital in Form von Maschinen, Geräten und Gebäuden ist sanierungs- bzw. modernisierungsbedürftig. Die ehemaligen Kolchosniki und Sowchosniki besitzen neben ihrem Wohnhaus zumeist nur kleine Stallungen für Vieh und Gartengeräte. Außerdem waren sie bisher Spezialisten, sie leisteten ihre Arbeit als Traktorfahrer, Lagerarbeiter, Einkäufer, Werkstattarbeiter und Verwalter. Ein privater Landwirt muss jedoch sowohl kaufmännische, verwaltungsmäßige und technische als auch klassische bäuerliche Arbeiten auf Äckern und in Ställen verrichten können.

Um Investitionen zu realisieren, müssen Landwirte in der EU oder den USA **Kredite** aufnehmen, weil ihr Eigenkapital nicht ausreicht. Zu diesem Zweck verleihen Geschäftsbanken Geld. Die Bauern sichern zu, das geliehene Geld innerhalb einer vereinbarten Frist zurückzuzahlen. Sollte dies nicht geschehen, greifen die Banken auf Sicherheiten zurück. Diese bestehen in der Landwirtschaft meist aus Bodenbesitz. Hier zeigt sich eine große Schwäche des Transformationsprozesses in den meisten GUS-Staaten: Es gibt nach wie vor **keinen sicheren Privatbesitz an Grund und Boden** in der Landwirtschaft. Somit zögern die Banken verständlicherweise, den zumeist kapitalschwachen Bauern Kredite einzuräumen. Obwohl die russische Verfassung von 1993 Privatbesitz an Bodenflächen ermöglichte, verhinderte die Duma jahrelang entsprechende gesetzliche Regelungen. Erst Ende 2001 verabschiedete das Parlament ein Gesetz, das in Städten privaten Grundbesitz an Häusern, Industrie und Gewerbe gestattete, nicht jedoch an landwirtschaftlichen Flächen, Wäldern, Flüssen und Seen. Um diese Flächen zu privatisieren, müssten leistungsfähige Grundbuchämter errichtet werden. Diese existieren bisher kaum. Allerdings ist das Bodenrecht im Bereich der Landwirtschaft insoweit verbessert worden, als die Bauern mittlerweile quasi auf Lebenszeit Bewirtschaftungsrechte an dem genutzten Land erwerben und somit sicherer investieren können.

## 4 Heutige Strukturen und Probleme

Die Auflösung der Sowjetunion und ihrer Strukturen machte auch in der Landwirtschaft eine **Neuorientierung** notwendig. Parallel dazu kam aber auch die **Tendenz** auf, **an den bisherigen Strukturen festzuhalten**.

Kolchosen und Sowchosen wurden, wie bereits erläutert, zunächst mehr oder weniger sich selbst überlassen. Die Einbindung in das planwirtschaftliche

System, die Garantie von Mindesteinkommen und Arbeitsplätzen entfiel. Beide Organisationsformen verloren daraufhin zahlreiche Mitglieder und Mitarbeiter, denn die Einkommen konnten nicht mehr garantiert werden. Besonders jüngere und dynamischere Mitarbeiter verließen die Dörfer und versuchten, in den sich entwickelnden Städten neue Beschäftigungs- und Einkommensmöglichkeiten zu erschließen. In den Dörfern blieben vor allem ältere Menschen zurück. Insbesondere die klimatisch ungünstigen Räume verzeichneten so deutliche **Bevölkerungsverluste**. In bestimmten Randbereichen verringerte sich in der Folge auch die landwirtschaftliche Produktion. Da die verbliebenen Mitarbeiter eher eine negative Alters- und Motivationsstruktur aufwiesen, ging auch in den anderen genossenschaftlichen Betrieben die Produktion zurück. Ferner fielen staatliche Unterstützungen weg.

Zwischen 1990 und 1999 verzeichneten Russland, die Ukraine und Kasachstan einen **drastischen Rückgang der Getreideernte**: Die Erntemenge halbierte sich. In dieser Phase der Agrarentwicklung kam den privaten Hofflächen und Gärten eine große Bedeutung zu. Nur durch deren intensive Nutzung ließ sich die Ernährung der Bevölkerung sichern. Erst in den Jahren 2003 und 2004 erhöhte sich in Russland die Getreideproduktion wieder deutlich, sodass sogar Exporte möglich waren.

Bezüglich der **Organisationsformen** der Landwirtschaft haben sich mittlerweile drei Bereiche herauskristallisiert: Der größte Teil der Kolchosen und Sowchosen wurde in **Kapitalgesellschaften** oder **Genossenschaften** umgewandelt. Somit verminderte sich das unmittelbare Eigentum des Staates, doch die alten Strukturen blieben weitgehend erhalten. Dies gilt auch für das private Hof- und Gartenland der Bauern. Einige Kolchosen und Sowchosen gingen jedoch nach dem Ende der Sowjetunion in Konkurs. Diese Situation nutzten bisherige Mitarbeiter der Betriebe, um eigene bäuerliche **Fermer-Betriebe** zu etablieren. Der Begriff „Fermer“ lehnt sich an das Wort Farmer an, ohne aber all das zu beinhalten, was einen US-amerikanischen Farmbetrieb ausmacht. Die Größe der Fermer-Betriebe liegt in Russland landesweit bei etwas über 40 ha, im Westen niedriger als in den östlichen Regionen. Die Kapitalausstattung der neuen Betriebe ist oft zu niedrig, um moderne Geräte kaufen zu können. Vielfach behilft man sich mit Maschinen aus der Konkursmasse der Kollektivwirtschaften. Ein weiteres Problem besteht darin, dass Banken den neuen Betrieben aufgrund der unsicheren Bodeneigentumsverhältnisse nur ungern Kredite einräumen. Zwar liegen die Lohnkosten in den GUS-Staaten niedrig, andererseits ist es manchmal schwer, geeignetes Personal für die Betriebe zu finden, weil potenzielle Mitarbeiter oft wenig motiviert und einseitig ausgebildet sind.

Anteil der Betriebsarten an der landwirtschaftlichen Produktion Russlands 1995–2001

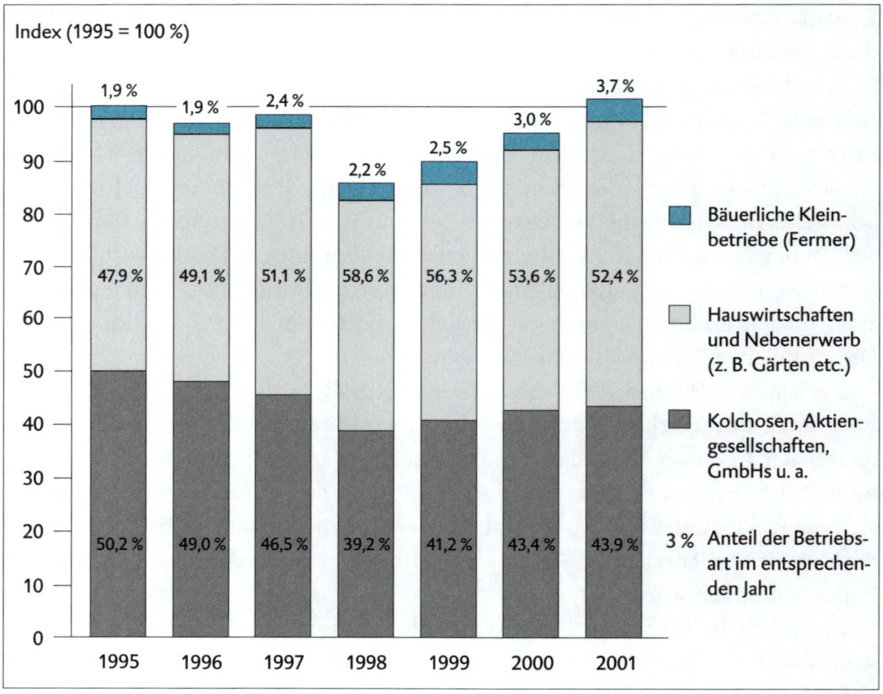


Als Folge hat sich die **Verteilung der agrarischen Produktion** gegenüber den Zeiten der Sowjetunion prinzipiell wenig geändert. Getreide, Zuckerrüben, Mais und Baumwolle werden weiterhin überwiegend von den großflächigen Nachfolgebetrieben der **Kollektivwirtschaften** erzeugt, sodass hier immer noch Monostruktur vorherrscht. Die **Fermer-Betriebe** hingegen produzieren bereits deutlich vielfältiger. Sie gehen auch eher auf die besonderen kleinräumigen Anbaugegebenheiten und die Marktbedingungen in ihrer Umgebung ein. Die **kleinen bäuerlichen Betriebe** mit ihrem geringen Hof- und Gartenland sind nach wie vor unverzichtbar, um Nahrungsmittel bereitzustellen. Ihr Anteil an der Produktion von Geflügel, Obst, Gemüse und besonders Kartoffeln ist sehr hoch und angesichts der zunehmenden Verarmung in manchen Teilen der Bevölkerung geradezu überlebenswichtig.

Alle Betriebstypen haben mit gravierenden Problemen zu kämpfen. Dazu zählen **Kapitalarmut, veraltete Geräte, unzureichende Entlohnungen** und **Einkommen** sowie die oft **mangelnde Motivation** der Mitarbeiter. Auch die ländliche Infrastruktur bedarf noch großer Investitionen, um Verluste an agrarischen Erzeugnissen zu vermindern. Ferner ist das Bankensystem noch nicht so weit entwickelt, als dass über günstige Agrarkredite die Risiken des Aufbaus neuer und leistungsfähiger Strukturen reduziert werden könnten.

## Zusammenfassung

- Die Landnutzungszonen der GUS-Staaten folgen überwiegend den natürlichen Gegebenheiten, die von Klima und Böden maßgeblich beeinflusst werden. Da der **Nordosten** und der **mittelasiatische Raum** meist **Ungunsträume** sind, findet sich dort prinzipiell eher **extensive Landwirtschaft**. Intensivere Formen treten dort auf, wo in den Trockenräumen bewässert werden kann oder in den Kältezonen Gewächshauskulturen gedeihen.
- Der agrarische Kernraum liegt im **Atlantischen Keil**. Dort produziert die Landwirtschaft der GUS-Staaten in großem Maße Weizen, Zuckerrüben, Mais, Roggen und Gerste. Hinzu kommt Weideland in den nördlicheren Gebieten des Atlantischen Keils. Sonderkulturen wie Wein oder Zitrusfrüchte gedeihen im Bereich des Schwarzen Meeres.
- In der Neuzeit gab es mehrere Etappen der **agrarsozialen Entwicklung**. Meistens waren die Bauern unfrei, und es bestand eine Gemeinschaftsbezogenheit der agrarischen Gesellschaften und damit der Produktion. **Leibeigenschaft** bis 1861, das folgende **Mir-System** sowie **Sowchosen** und **Kolchosen** während der Sowjetzeit legten den Bauern enge Fesseln für ihr Wirtschaften an. Phasen mit freien bäuerlichen Betrieben gab es nur während der **stolypinschen Reformen** und in der Zeit der **NEP** nach dem I. Weltkrieg. Die heutige Struktur ist von Mischformen aus Kollektivwirtschaften, freien Fermer-Betrieben und kleinen bäuerlichen Betrieben geprägt.
- Die ökonomischen Hinterlassenschaften der sowjetischen Kollektivwirtschaft wiegen weiterhin schwer. **Kapitalarmut**, **veraltete Gerätschaften**, **fehlende Motivation** vieler Mitarbeiter, **unzureichendes Bodeneigentum** sowie die **mangelnde agrarische Infrastruktur** sind gravierende Probleme der heutigen Landwirtschaft in der GUS. Allerdings zeigen sich nach einem starken Rückgang der Agrarproduktion mittlerweile **Stabilisierungstendenzen**, sodass die Erzeugung landwirtschaftlicher Produkte seit einigen Jahren wieder steigt und vereinzelt sogar Export möglich ist.

## Zusammenfassung

# Industrie und Dienstleistungen

## 1 Das Rohstoffpotenzial

Das Rohstoffpotenzial der GUS-Staaten zählt in quantitativer und qualitativer Hinsicht zu den größten der Erde. Die Rohstoffe sind dabei– sowohl auf den gesamten Raum bezogen als auch innerhalb der einzelnen Staaten – sehr unterschiedlich verteilt. Dies führt zu **zwischenstaatlichen** und **interregionalen Abhängigkeiten**. Hiervon bildet einzig Russland, das über eine große Vielfalt und enorme Mengen an Rohstoffen verfügt, eine Ausnahme.

### Energierohstoffe

Die Energierohstoffe lassen sich in fossile (Steinkohle, Braunkohle, Erdöl, Erdgas, Uran, Torf) und rezente oder erneuerbare Träger (Wasserkraft, Sonnen-, Windenergie, Biomasse) unterteilen.

Die wichtigsten fossilen Energieträger der GUS-Staaten waren lange Zeit Stein- und Braunkohle, wobei die **Steinkohle** eine besondere Rolle einnahm. Im Jahr 1913 betrug ihre Fördermenge ca. 30 Mio. t. Sie stieg während der Sowjetzeit auf ca. 500 Mio. t. Die UdSSR förderte damit fast ein Viertel der gesamten Kohle auf der Erde. Nach dem Zusammenbruch der UdSSR halbierte sich die Kohleförderung in den GUS-Staaten und ihr Weltanteil sank unter 10 %. Er lag 2007 bei knapp 7 % (ca. 390 Mio. t).

Die Kohleförderung verlagerte sich in der Sowjetzeit von West nach Ost. Ursprünglich galt das **Donez-Becken** (Donbas) in der östlichen Ukraine als zentrales Steinkohleabbaugebiet. In der Stalinzeit erfolgte die Erschließung von Steinkohlegruben im **Kuznezk-Becken** (Kusbas) des südlichen Sibirien sowie im **mittleren Ural** und im Bereich **Karaganda** (im nördlichen Kasachstan gelegen). Weitere Steinkohlelagerstätten befinden sich im östlichen Sibirien und bei Workuta im nordöstlichsten Teil des europäischen Russland.

Russland und Kasachstan exportieren rund ein Drittel ihrer Steinkohleproduktion, vor allem in andere GUS-Staaten, da hier noch Produktions- und Lieferbeziehungen aus sowjetischer Zeit bestehen.

## Die Kohlelagerstätten auf dem Gebiet der ehemaligen UdSSR

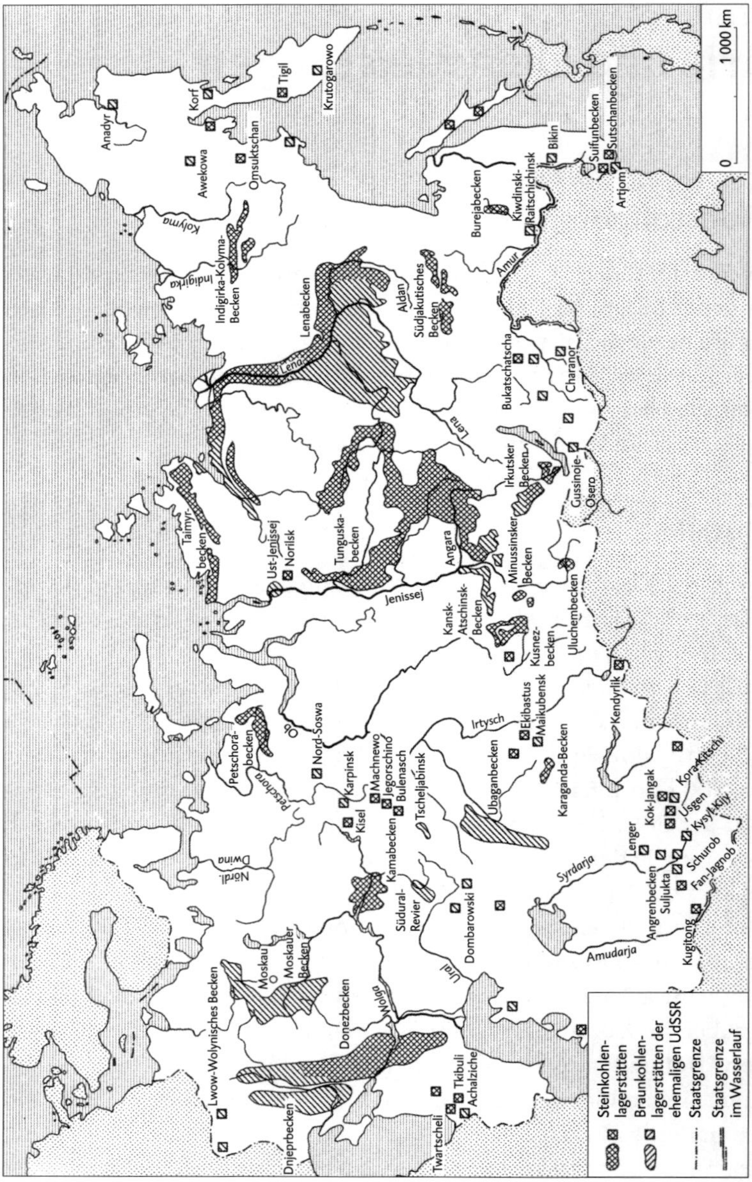

Neben der Steinkohle fördert besonders Russland **Braunkohle**. Die Gesamtmenge von etwa 72 Mio. t (Stand 2007) wird vor allem im Gebiet südlich von Moskau gewonnen. Weitere Lagerstätten befinden sich im Ural und im Kusbas.

Für die Entwicklung eines Industriestaates ist die **Erdölproduktion** von besonderer Bedeutung. Die Gewinnung dieses Rohstoffs begann in der Mitte des 19. Jahrhunderts um Grosny nördlich des Kaukasus. Vor dem Ersten Weltkrieg wurde **Baku** am Kaspischen Meer das Zentrum der russischen Erdölförderung, sodass Russland vor 1914 zeitweilig zum wichtigsten Erdölproduzenten der Erde aufstieg.

Bedingt durch den Ersten Weltkrieg und die revolutionären Umwälzungen ging die Produktion erheblich zurück. Die Stalin-Ära brachte jedoch eine massive Industrialisierung mit sich. Damit stieg auch der Bedarf an Erdöl. Bald wurden **zwischen Ural und Wolga („Zweites Baku")** neue, ertragreiche Felder erschlossen. Ab den 1960er-Jahren wurde **Westsibirien** mit dem Zentrum **Surgut am Ob** zum **„Dritten Baku"**, während die Quellen in und um Baku selbst nur noch eine untergeordnete Rolle spielten. Weitere kleinere Erdölfördergebiete finden sich auf der Insel Sachalin.

In der Periode der Sowjetunion stieg die Erdölproduktion von ca. 30 Mio. t 1938 auf ca. 600 Mio. t Mitte der 80er-Jahre an. Der Zerfall der UdSSR und die folgende Wirtschafskrise betrafen auch die Erdölförderung. Sie ging zeitweise auf unter 300 Mio. t zurück, steigt jedoch seit 1998/99 langsam wieder an. Im Jahre 2007 produzierte allein Russland ca. 487 Mio. t Erdöl. Ein Anstieg ist auch für Aserbaidschan, Turkmenistan und Kasachstan zu verzeichnen. Die GUS-Staaten stellten damit fast 14 % der Welterdölförderung, Russland allein über 11 %. Fast die Hälfte dieses gewonnenen Rohstoffs wird exportiert, zum Teil in GUS-Staaten, besonders jedoch in die Staaten der EU.

Der Transport des Erdöls erfolgt in der Regel mittels transkontinentaler **Pipelines**, die von den wichtigsten Fördergebieten nach Westen verlegt wurden. Hauptleitungen verlaufen im Norden aus dem Petschorafeld Richtung Moskau, aus Westsibirien über den südlichen Ural, durch das „Zweite Baku" nach Westen oder quasi entlang der Transsibirischen Eisenbahn bis Irkutsk am Baikalsee. Aus dem Bereich des Kaspischen Meeres gibt es wichtige Trassen Richtung Moskau bzw. Schwarzes Meer. Aus dem westlichen Russland verlaufen dann die Pipelines durch Weißrussland oder die Ukraine in EU-Staaten, besonders nach Polen, Lettland und Estland. Die beiden letzteren Staaten verfügen wegen ihrer ehemaligen sowjetischen Häfen Tallinn und Ventspils über wichtige Umschlagplätze für russisches Öl.

## Erdölhöffige[11] Gebiete auf dem Gebiet der GUS-Staaten

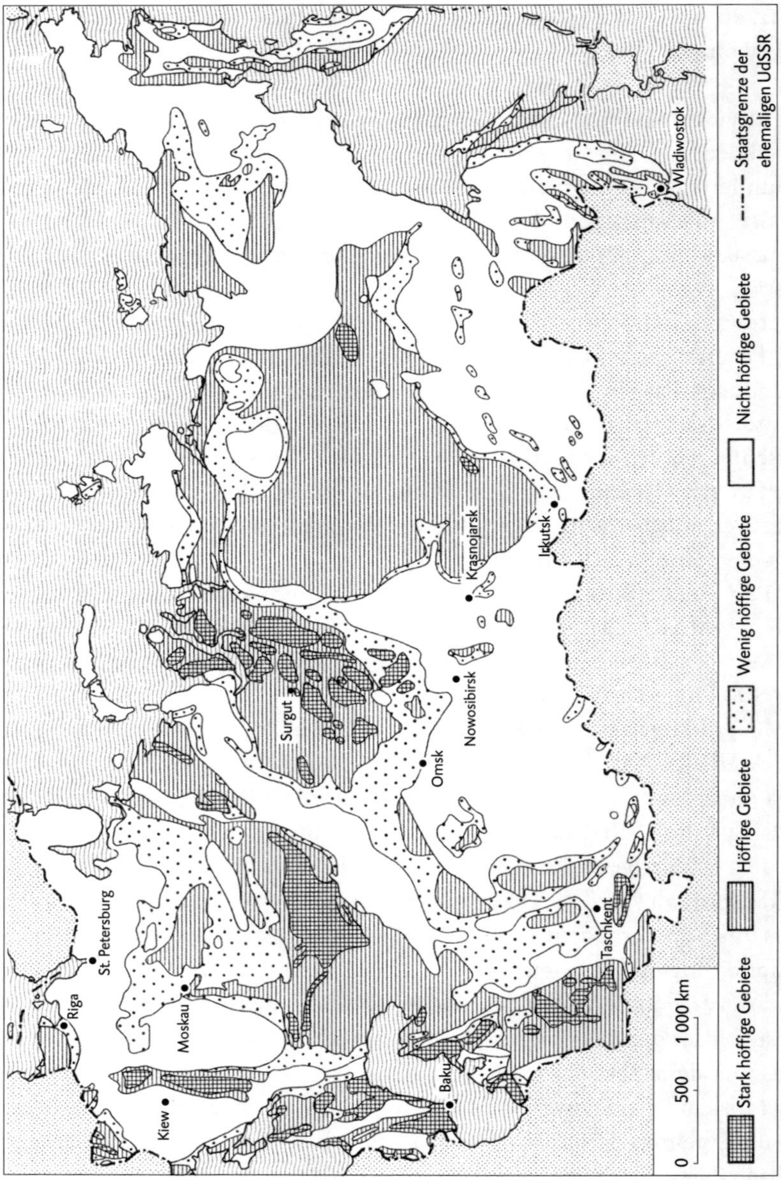


11 Mit „höffig“ bezeichnet man in der Bergmannssprache alle Ablagerungen, in denen Rohstoffe und Mineralien vermutet werden.

In jüngster Zeit bahnt sich zwischen Russland auf der einen Seite sowie den erdölreichen kaukasischen und mittelasiatischen Staaten auf der anderen Seite ein **Konflikt um den Transport von Erdöl** aus der Region des Kaspischen Meeres an. Die mittelasiatischen Staaten wollen mithilfe US-amerikanischer Ölunternehmen Pipelines in Richtung südtürkischer Mittelmeerhäfen verlegen, ohne russisches Gebiet in Anspruch nehmen zu müssen. Russland betrachtet diese Bestrebungen als Affront, weil es weiterhin eine dominierende Rolle in der Erdölwirtschaft der GUS-Staaten beansprucht. Hier spielen auch strategische Gesichtspunkte eine Rolle: Russland möchte – wie seit über 150 Jahren – verhindern, dass andere Mächte ihm seinen Einflussbereich streitig machen.

Rohölproduktion: Exportierende und importierende Staaten im weltweiten Vergleich[12]

| Produzenten (2007) | Mio. t | %-Anteil d. ges. Welt | Exporteure (2006) | Mio. t | Importeure (2006) | Mio. t |
|---|---|---|---|---|---|---|
| Russland | 487 | 12,4 | Saudi-Arabien | 358 | USA | 587 |
| Saudi-Arabien | 483 | 12,3 | Russland | 248 | Japan | 203 |
| USA | 310 | 7,9 | Iran | 130 | VR China | 145 |
| Iran | 218 | 5,5 | Nigeria | 119 | Korea | 120 |
| VR China | 188 | 4,8 | Norwegen | 109 | Indien | 111 |
| Mexiko | 173 | 4,4 | Ver. Arab. Emir. | 106 | Deutschland | 110 |
| Kanada | 157 | 4,0 | Mexiko | 99 | Italien | 94 |
| Venezuela | 138 | 3,5 | Kanada | 93 | Frankreich | 82 |
| Kuwait | 136 | 3,5 | Venezuela | 89 | Spanien | 61 |
| Ver. Arab. Emir. | 131 | 3,3 | Kuwait | 88 | Großbrit. | 59 |
| Rest der Welt | 1 516 | 38,4 | Rest der Welt | 764 | Rest der Welt | 713 |
| **Welt** | **3 937** | **100,0** | **Welt** | **2 203** | **Welt** | **2 285** |

Neben Erdöl spielen die **Erdgasvorkommen** besonders für Russland, aber auch für die mittelasiatischen GUS-Staaten Kasachstan, Usbekistan und Turkmenistan eine immer wichtigere Rolle. Die Fördermenge in der früheren UdSSR und späteren GUS hat sich in den letzten Jahrzehnten nahezu verdreifacht: von ca. 240 Mio. $m^3$ auf fast 800 Mio. $m^3$. Russland und die genannten GUS-Staaten gewinnen weltweit mittlerweile fast 30 % dieses Energierohstoffs; Russland allein förderte im Jahr 2007 über 650 Mio. $m^3$ Erdgas. Diese Entwicklung wurde auch durch den Zerfall der Sowjetunion kaum gebremst, weil ein großer Teil der Fördermenge in die EU-Staaten transportiert wird. Russland exportierte 2008 ca. 45 % seines geförderten Erdgases.

Ergiebige Erdgasfelder liegen in Russland südlich von **Rostow**, nordwestlich von **Wolgograd** und besonders im **nördlichen Westsibirien**. Hinzu kommt

12 Quelle: International Energy Agency (IEA), Key World Energy Statistics 2009

der Bereich **östlich des Kaspischen Meeres** mit mehreren Lagerstätten. Der Transport des Erdgases erfolgt – wie bei Erdöl – über Leitungen von vielen Tausend Kilometern Länge. Sie verlaufen über das zentrale europäische Russland und durch die Ukraine nach Westen und decken zum größten Teil den Erdgasbedarf der mittleren und östlichen EU-Staaten.

Ein weiterer fossiler Energierohstoff ist **Uran**, dessen Lagerstätten sich im **südlichen Sibirien** sowie in den Hochgebirgsbereichen der **mittelasiatischen GUS-Staaten** befinden. Der Anteil Russlands und anderer GUS-Staaten an der **Kernenergiegewinnung** hat sich langsam gesteigert und liegt jetzt (Datenstand 2006) bei fast 9 % der Weltproduktion. Russland allein produziert fast 6 % der Weltelektrizität aus Kernenergie. 16 % der russischen und 46 % der ukrainischen elektrischen Energie stammen aus der Nutzung von Kernenergie.

Kernenergieproduzenten im weltweiten Vergleich (2006)[13]

| Produzenten | TWh[1] | %-Anteil der gesamten Welt |
|---|---|---|
| USA | 816 | 29,2 |
| Frankreich | 450 | 16,1 |
| Japan | 303 | 10,8 |
| Deutschland | 167 | 6,0 |
| Russland | 156 | 5,6 |
| Korea | 149 | 5,3 |
| Kanada | 98 | 3,5 |
| Ukraine | 90 | 3,2 |
| Großbritannien | 75 | 2,7 |
| Schweden | 67 | 2,4 |
| Rest der Welt | 422 | 15,2 |
| **Welt** | **2 793** | **100,0** |

| Installierte Kapazität | GW[2] |
|---|---|
| USA | 99 |
| Frankreich | 63 |
| Japan | 48 |
| Russland | 22 |
| Deutschland | 20 |
| Korea | 17 |
| Ukraine | 13 |
| Kanada | 13 |
| Großbritannien | 10 |
| Schweden | 9 |
| Rest der Welt | 55 |
| **Welt** | **369** |

| Länder | %-Anteil des Atomstroms an der elektr. Energie |
|---|---|
| Frankreich | 79,1 |
| Schweden | 46,7 |
| Ukraine | 46,7 |
| Korea | 37,0 |
| Japan | 27,8 |
| Deutschland | 26,6 |
| Großbritannien | 19,1 |
| USA | 19,1 |
| Kanada | 16,0 |
| Russland | 15,7 |
| Rest der Welt[3] | 7,2 |
| **Welt** | **14,8** |

1 TWh: Terrawattstunden; eine Terrawattstunde entspricht einer Billion Wattstunden
2 GW: Gigawatt; ein Gigawatt entspricht einer Milliarde Watt
3 nur Länder mit nuklearer Produktion

Die Kernkraftwerke sind vielfach gegenüber denjenigen in den westlichen Industriestaaten technisch extrem veraltet und bezüglich ihrer Sicherheit vor Unfällen mit einem hohen Risiko behaftet. Als warnendes Beispiel gilt nach wie vor die **Reaktorkatastrophe von Tschernobyl 1986**, die sich im Norden

13 Quelle: International Energy Agency (IEA), Key World Energy Statistics 2009; Commissariat à l'Energie Atomique (France)

der Ukraine ereignete. Für eine nachhaltige Sicherung und Umrüstung der entsprechenden Kraftwerke fehlt den GUS-Staaten das erforderliche Kapital, sodass deren Betrieb weiterhin sehr riskant ist. Gleichzeitig ist es besonders der Ukraine nicht möglich, die Anlagen abzuschalten, weil deren Anteil an der Stromerzeugung nach wie vor sehr hoch ist.

Bezüglich der **rezenten Energieträger** spielt in den GUS-Staaten die **Wasserkraft (Hydroenergie)** eine wichtige Rolle. In der Sowjetunion wurde dieser Energieträger stark ausgebaut. Ausgehend von der Losung Lenins, „Kommunismus ist Sowjetmacht plus Elektrifizierung", wurden während der massiven Industrialisierung unter Stalin und danach leistungsfähige Wasserkraftwerke an den großen Flüssen besonders der Ukraine und Russlands errichtet. Die höchsten Kapazitäten erreichten die Hydroenergieanlagen im Süden Sibiriens, z. B. das Bratsker Wasserkraftwerk an der Angara nördlich des Baikalsees. Russland deckt damit fast 19 % seines Bedarfs an elektrischer Energie.

Produzenten von Wasserkraft[14]

| Produzenten (2006) | TWh[1] | %-Anteil der gesamten Welt |
|---|---|---|
| VR China | 436 | 14,0 |
| Kanada | 356 | 11,3 |
| Brasilien | 349 | 11,2 |
| USA | 318 | 10,2 |
| Russland | 175 | 5,6 |
| Norwegen | 120 | 3,8 |
| Indien | 114 | 3,6 |
| Japan | 96 | 3,1 |
| Venezuela | 79 | 2,5 |
| Schweden | 62 | 2,0 |
| Rest der Welt | 1 016 | 32,7 |
| **Welt** | **3 121** | **100,0** |

| Installierte Kapazität (2005) | GW[2] |
|---|---|
| VR China | 118 |
| USA | 99 |
| Brasilien | 71 |
| Kanada | 72 |
| Japan | 47 |
| Russland | 46 |
| Indien | 32 |
| Norwegen | 28 |
| Frankreich | 25 |
| Italien | 21 |
| Rest der Welt | 308 |
| **Welt** | **867** |

| Länder (2006) | %-Anteil der Wasserkraft an der elektr. Energie |
|---|---|
| Norwegen | 98,5 |
| Brasilien | 83,2 |
| Venezuela | 72,0 |
| Kanada | 58,0 |
| Schweden | 43,1 |
| Russland | 17,6 |
| Indien | 15,3 |
| VR China | 15,2 |
| Japan | 8,7 |
| USA | 7,4 |
| Rest der Welt[3] | 14,3 |
| **Welt** | **16,4** |

1 TWh: Terrawattstunden; eine Terrawattstunde entspricht einer Billion Wattstunden
2 GW: Gigawatt; ein Gigawatt entspricht einer Milliarde Watt
3 nur Länder mit Produktion von Wasserkraft

14 Quelle: International Energy Agency (IEA), Key World Energy Statistics 2009

Die anderen rezenten Energieträger spielen in den GUS-Staaten kaum eine Rolle. Die Anlagen für die Gewinnung von Sonnen- und Windenergie sind sehr kapitalintensiv. Entsprechende Investitionen kommen aufgrund der Wirtschaftslage dieser Staaten kaum infrage. Wegen der klimatischen Gegebenheiten würden sich jedoch beispielsweise Solaranlagen in den südlichen Teilen der Ukraine oder den mittelasiatischen Republiken errichten lassen.

Der **Energieverbrauch** der GUS-Staaten ist als Folge des Zusammenbruchs des sowjetischen Wirtschaftssystems gesunken. Dies gilt für den absoluten Verbrauch, jedoch noch deutlicher für den Anteil am Weltenergieverbrauch. Letzterer ist gegenüber 1973 von 14 % auf 8,7 % (2006) gefallen. Somit konnte beispielsweise Russland die Abmachungen des **Protokolls von Kyoto** aus dem Jahre 1992 über die Senkung der Emissionen von Treibhausgasen problemlos erfüllen. Dazu trug auch bei, dass viele veraltete Industrieanlagen mit hohem Schadstoffausstoß seitdem geschlossen wurden. Es ist jedoch zu erwarten, dass die Emissionswerte nach einer wirtschaftlichen Erholung wieder steigen, beispielsweise wenn – wie derzeit in China – hohe Wachstumsraten im Autoverkehr eintreten.

## Eisenerze

Einige Staaten der GUS verfügen über reiche Vorkommen an **Eisenerzen**. Auch hier dominiert jedoch Russland. Die wichtigsten Lagerstätten befinden sich im **Ural** und im **Kusbas**. Darüber hinaus existieren in der Ukraine, in Kasachstan sowie im südlichen Teil Sibiriens und in Karelien einzelne Vorkommen. Die Qualität der Eisenerze ist allerdings teilweise unzureichend. Vielfach wird Eisen aus Raseneisenerzen und eisenhaltigen Quarziten gewonnen, deren Eisengehalt oft sehr niedrig ist.

Besonders Russland, aber auch Kasachstan, die Ukraine und die Kaukasusrepubliken verfügen über bedeutende Mengen an **Stahlveredlern** und anderen **Legierungsmetallen**, mit denen die Qualität und die Verarbeitung von Roheisen gesichert bzw. verbessert werden kann.

## Nichteisenmetalle

In den gebirgigen Zonen der GUS-Staaten lagern zahlreiche **Nichteisenmetalle**. Es handelt sich dabei um die **Kaukasus-Region**, den **Ural**, **mittelasiatische Gebirgszonen** sowie verstreute **Gebirgsbereiche Sibiriens**. Zu nennen sind in diesem Kontext Kupfer, Bauxit als Rohstoff für Aluminium, Zinn, Quecksilber sowie Gold und Diamanten. Die beiden zuletzt genannten Vorkommen konzentrieren sich in der Region des Fernen Ostens.

## Probleme der Rohstoffförderung

Im Zusammenhang mit der Förderung der Rohstoffe ergeben sich für Russland und die anderen GUS-Staaten einige zentrale Probleme. Das Haupthindernis liegt in der **Ungunst der Natur**, besonders in Mittel- und Nordostsibirien. Die strengen Winter setzen die Leistungsfähigkeit der Maschinen herab. Die Förderung von Erzen mit hohem Wassergehalt, die unter diesen Bedingungen steinhart gefroren sind, stößt auf große Hindernisse. Der **Dauerfrostboden** behindert das Abtäufen von Schächten (d. h. deren Ausbau nach unten), die Errichtung von Anlagen an der Erdoberfläche und das Abfließen des gebrauchten Wassers. Der Tagebau stellt unter den ungünstigen klimatischen Bedingungen ein hohes Risiko dar. Der Wassermangel beeinträchtigt andererseits in Mittelasien den Bergbau.

Der An- und Abtransport von Waren bereitet große Probleme. Im Sommer weichen viele Straßen auf. Im Winter werden die großen Flüsse als Transportwege für Lastwagen benutzt. Im Sommer sind viele Flüsse schiffbar, führen jedoch im späten Frühjahr und Frühsommer wegen der Schnee- und Eisschmelze häufig Hochwasser. Daher ist ein Transport per Schiff oft nicht möglich. Auch die Nordpolarroute ist für Schiffe nur drei bis vier Monate im Jahr zu befahren. Der Bau bzw. Unterhalt von Eisenbahnlinien bereitet unter Permafrostbedingungen und sommerlicher Auftauperiode ebenfalls sehr große Schwierigkeiten.

Auch der **„Produktionsfaktor" Mensch** muss in diesem Kontext betrachtet werden. Arbeitskräfte sind nicht ohne weiteres bereit, in den Randzonen der Ökumene (Kälte- oder Trockenwüste) zu leben und zu arbeiten. In der Sowjetunion, besonders unter Stalin, wurden häufig Zwangsarbeiter, Kriegsgefangene und politische Häftlinge in diesen unwirtlichen Gegenden zum Bau von Kohleschächten, Industrieanlagen und Siedlungen gezwungen. Ein großer Teil von ihnen starb an den Folgen extremer Klimaverhältnisse, harter Arbeitsbedingungen, schlechter Unterbringung und unzureichender Ernährung. In diesem Zusammenhang erlangten das Revier um Workuta sowie das Kolyma-Gebiet in Ostsibirien traurige Berühmtheit.

In der Periode nach Stalin setzte die sowjetische Führung auf **ökonomische Anreize**, um Arbeitskräfte anzuwerben. Wer bereit war, in die unwirtlichen Gebiete Sibiriens zu ziehen, erhielt erheblich höhere Löhne als ein vergleichbarer Arbeiter im Westen der UdSSR. Auch die Versorgung mit Wohnungen, Konsumgütern und Lebensmitteln war deutlich besser. Weitere Anreize bestanden beispielsweise darin, mehr Urlaubstage in klimatisch günstigen Gebieten der UdSSR oder im sozialistischen Ausland zu verbringen.

Der Zusammenbruch der UdSSR veränderte die politisch-ökonomischen Bedingungen. Weder verfügt der heutige russische Staat über Zwangsarbeiter, noch ist er in der Lage, über hohe Gehaltszulagen Arbeiter nach Nord- und Ostsibirien zu locken. Daher werden diese unter ökonomischen Gesichtspunkten unwirtschaftlichen Anlagen zunehmend geschlossen. Die Siedlungen verfallen, die Menschen ziehen wieder in Gegenden mit größerer Klimagunst.

## 2 Die Verkehrsinfrastruktur

In einer Staatengemeinschaft, die ca. ein Sechstel der Erdoberfläche und noch dazu vielfach klimatische Ungunsträume umfasst, muss der Verkehrsinfrastruktur besondere Aufmerksamkeit zuteil werden. Aus historischer Sicht handelte es sich dabei zunächst nur um Wasser- und Landwege. Ab der Mitte des 19. Jahrhunderts entwickelte sich das Eisenbahnnetz, das besonders nach dem Zweiten Weltkrieg durch den Luftverkehr ergänzt wurde.

Die **Fluss- und Kanalschifffahrt** entwickelte sich seit dem frühen Mittelalter zu einem wichtigen Transportmittel. Seit der Regierungszeit Peters des Großen wurden zunehmend Kanäle gebaut, um die Flusssysteme miteinander zu verbinden und so die Nachteile der zumeist meridional fließenden Ströme auszugleichen. Auf diese Weise wurden St. Petersburg mit dem Moskauer Wirtschaftszentrum sowie die untere Wolga über den Don mit dem Schwarzen Meer verbunden. Die wichtigste Methode der Fortbewegung auf den Flüssen wurde die **Treidelschifffahrt**, bei der Schiffe vom Ufer aus durch Tiere und Menschen gezogen bzw. gelenkt wurden. Im 19. Jahrhundert setzte sich die **Dampfschifffahrt** durch. Damit entstand im europäischen Teil des Russischen Reiches ein relativ dichtes Wasserwegenetz. Aufgrund der natürlichen Ungunst war dies im sibirischen Teil Russlands nicht möglich. Auch heute noch begrenzt die mehrmonatige Vereisung der meisten sibirischen Ströme deren Nutzbarkeit. Die langen Winter ermöglichen aber die Nutzung der vereisten Flüsse quasi als Landwege: Die dicke Eisdecke trägt dann selbst schwere Lastwagen.

Das Netz der Häfen, Wasserwege und wichtigen Kanäle auf dem Gebiet der GUS-Staaten und im Baltikum

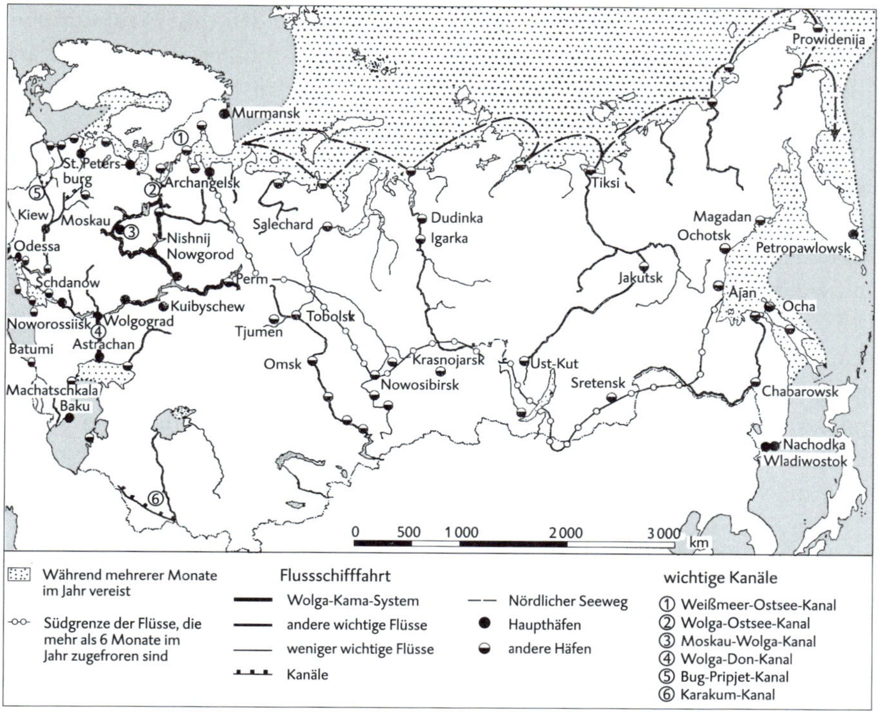


In sowjetischer Zeit wurde im europäischen Teil der UdSSR verstärkt daran gearbeitet, die Flüsse zu kanalisieren. Staustufen und Begradigungen trugen dazu bei, dass die Flüsse auch bei Niedrigwasser als Wasserstraßen benutzbar waren. Gleichzeitig wurden zahlreiche Wasserkraftwerke errichtet.

Problematischer als bei Wasserstraßen stellt sich für den größten Teil des Raums die Nutzung von **Landwegen** dar. Diese hängt sehr stark von der Jahreszeit ab. Da früher die meisten Landwege unbefestigt waren, ließen sie sich nur im Sommer oder im Winter nutzen. In der sommerlichen Trockenzeit waren die Straßen staubige Fahrwege, im Winter Routen für Schlittengefährte. Im Frühjahr und Herbst verwandelten sich die Landwege zumeist in unpassierbare Schlammfurten.

Diese Situation trifft für viele ländliche Teile der GUS abseits der Hauptstraßen immer noch zu. Nur etwa ein Drittel der gesamten Straßen verfügt über eine feste Oberfläche. Davon ist nur der geringere Teil asphaltiert oder betoniert, wobei auch der Zustand dieser befestigten Straßen oft sehr schlecht ist. Verbesserungen der Straßenbeläge kommen nur zögerlich voran. Unzureichende Technik und mangelnde finanzielle Mittel sind dafür die Hauptgründe. Die extremen klimatischen Gegebenheiten führen zu Frostaufbrüchen am Ende des Winters und Überschwemmungsschäden im Frühjahr, sodass sich der Zustand der Straßen kontinuierlich verschlechtert.

Im 19. Jahrhundert begann das Russische Reich, ein **Eisenbahnnetz** zu entwickeln. Dabei spielten wirtschaftliche, politische und naturgeografische Aspekte eine wesentliche Rolle. Die beiden Metropolen St. Petersburg und Moskau wurden seit der Mitte des 19. Jahrhunderts Ausgangspunkte dieses Netzes. 1851 eröffnete die Eisenbahn die erste durchgehende Verbindung zwischen beiden Städten, gefolgt von einer Strecke zwischen St. Petersburg und Warschau. Gegen Ende des Jahrhunderts waren die wichtigsten Städte und die Industriezentren des europäischen Teils des Reiches per Eisenbahn zu erreichen. Auch Deutschland und Österreich-Ungarn wurden auf diesem Wege mit Russland verbunden. In der Folge nahm der russische Getreideexport zu.

Dem Zarenreich gelang es bis in den Ersten Weltkrieg hinein, die Kaukasus-Region, Mittelasien sowie Sibirien und den Fernen Osten per Eisenbahn an das europäische Russland anzuschließen. Der Bau der kontinentalen **Transsibirischen Eisenbahn** begann in den 90er-Jahren des 19. Jahrhunderts. 1916 wurde Wladiwostok an das russische Eisenbahnnetz angeschlossen. Der Bau der „Transsib" stellte aufgrund der extremen Klimaverhältnisse sowie der breiten Ströme Sibiriens eine gewaltige bautechnische Leistung dar.

In der Periode der Sowjetunion wurde der Eisenbahnbau vor allem in den östlichen Landesteilen forciert. Dies betraf Gebiete im Ural, in den mittelsibirischen Industriegebieten sowie im Fernen Osten. Im europäischen Teil der Sowjetunion wurde das Netz verdichtet. Strategische Überlegungen führten dazu, dass im Zweiten Weltkrieg das Eisenbahnnetz im Süden und Osten der Sowjetunion verbessert wurde, um Kriegsmaterial der Westalliierten zu transportieren.

Das ehrgeizigste Eisenbahnprojekt nach dem Zweiten Weltkrieg wurde der Bau der **Baikal-Amur-Magistrale (BAM)** zwischen Ust-Kut nördlich des Baikalsees und dem Amur. Diese Strecke sollte die Transsib entlasten und gleichzeitig einen neuen, nördlicheren Industrieraum im Fernen Osten erschließen.

Das historische Wachstum des Eisenbahnnetzes im GUS-Raum und im Baltikum

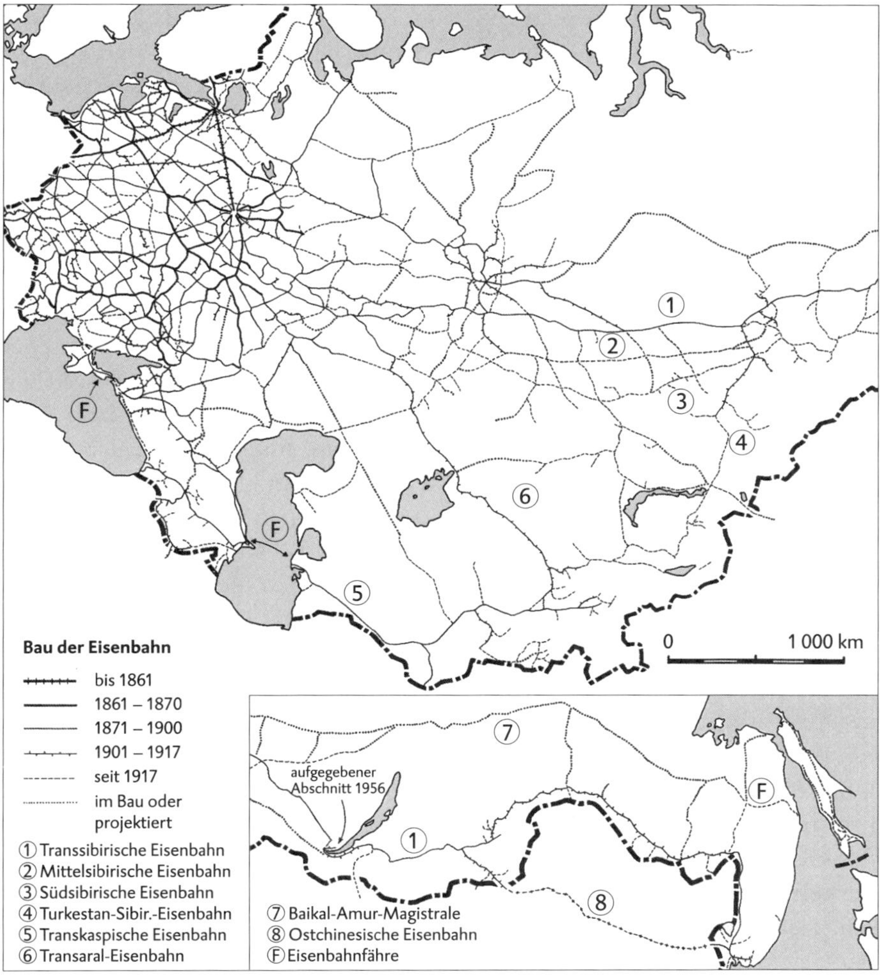


Im Ergebnis erschließt das Eisenbahnnetz aus zaristischer und sowjetischer Zeit große Teile Russlands und der anderen GUS-Staaten. Besonders dicht ist es im Atlantischen Keil sowie in den Industriezentren des Ural, Sibiriens, des Fernen Ostens und im Kaukasus-Gebiet. Die Ungunsträume in Sibirien, im nördlichen europäischen Russland sowie in Mittelasien verfügen oft nur über ein wenig ausgebildetes bzw. gar kein Eisenbahnnetz. Im sibirischen Landesteil Russlands verläuft das Eisenbahnnetz vor allem in West-Ost-Richtung. Damit lässt sich der Süd-Nord-Verlauf der großen Flüsse teilweise ausgleichen.

Die **Eisenbahn** erbringt nach wie vor die **bedeutendste Transportleistung** im Güterverkehr der GUS-Staaten, gefolgt von Wassertransport und Straßenverkehr. Beim Personenverkehr ist die Eisenbahn zwar nach wie vor wichtig, die Nutzung von Straßen und Flugzeugen dominiert hier aber eindeutig. Als Folge der marktwirtschaftlichen Orientierung der GUS-Staaten nach 1991 nimmt insbesondere der Straßenverkehr in den städtischen Ballungszentren sehr stark zu. Die Bedeutung der Eisenbahn wird sich auch weiterhin vor allem auf den (Massen-)Gütertransport zwischen den sehr entfernt liegenden Regionen Russlands und anderer GUS-Staaten konzentrieren.

Angesichts der räumlichen Dimension der GUS und der klimatischen Voraussetzungen kommt dem **Luftverkehr** eine große Bedeutung zu. In sowjetischer Zeit wurden alle bedeutenderen Städte an das Luftverkehrsnetz der staatlichen Fluggesellschaft Aeroflot angeschlossen. Moskau entwickelte sich zum Zentrum des Flugverkehrs mit vier großen Flughäfen. Anders als auf dem Land- oder Wasserweg lassen sich aus der Luft auch Orte in klimatischen Ungunsträumen erreichen, beispielsweise im Norden und Osten Sibiriens. Der Flugverkehr entwickelte sich in der UdSSR auch deshalb so stark, weil die Flugpreise dank hoher staatlicher Subventionen künstlich niedrig gehalten wurden. Dies betraf besonders die Strecken nach Sibirien, um Arbeitskräften Anreize zu geben, dort zu arbeiten.

Als Folge der Auflösung der Sowjetunion entstand eine **Diversifizierung** des Luftverkehrs in den Nachfolgestaaten der UdSSR. Die Aeroflot existiert nach wie vor, muss jedoch mit zahlreichen anderen Fluggesellschaften konkurrieren. Jeder GUS-Staat verfügt mittlerweile über eigene staatliche und private Fluggesellschaften. Auch viele ausländische Anbieter versorgen Teile des GUS-Flugmarktes. Damit geht auch einher, dass einige **regionale Luftverkehrszentren** aufgewertet werden. Dies betrifft beispielsweise die ukrainische Hauptstadt Kiew oder das usbekische Taschkent. Einige Regionen im Fernen Osten orientieren sich an Impuls gebenden Zentren in Ostasien. Als Beispiel sei die Amur-Provinz genannt, die sich stark nach China ausrichtet. Trotz dieser Tendenzen bleibt Moskau nach wie vor der zentrale Luftverkehrsknotenpunkt Russlands und vieler Luftlinien in den GUS-Staaten.

# 3 Etappen der industriellen Entwicklung

## 3.1 Die Entwicklung bis 1917

Das Russische Reich war bis zum Ersten Weltkrieg im Vergleich zu den Staaten West- und Mitteleuropas sowie den USA industriell ein rückständiges Land. Obwohl industrielle Komplexe bereits unter den Zaren Peter I. und Katharina II. im 18. Jahrhundert in Moskau, St. Petersburg und im Ural entstanden, um Textilien und Metalle zu verarbeiten, blieb das Zarenreich in der zweiten Hälfte des 19. Jahrhunderts bis 1914 im Wesentlichen ein unterentwickelter Agrarstaat. Um 1900 konzentrierte sich die Industrie auf **drei Zentren**:

- Das wichtigste Industriegebiet befand sich in und um **Moskau** mit Textil- und Schwerindustrie.
- In der Hauptstadt **St. Petersburg** dominierten neben der Textilindustrie die Bereiche Werften, Maschinenbau und Elektrotechnik.
- Im **Donez-Becken** und um **Kriwoi-Rog** entwickelten sich Steinkohlen- und Eisenerzabbau.

In diesen Räumen wurden um 1900 ca. zwei Drittel der gesamten russischen Industrieproduktion erwirtschaftet. Andere städtische Räume spielten nur eine untergeordnete Rolle, bildeten jedoch Kerne für sich herauskristallisierende Industrien der Stalin'schen Wirtschaftspolitik.

## 3.2 Die Entwicklung in der Periode der UdSSR

Entsprechend ihren Zielen verstaatlichten die Bolschewisten unter Lenins Führung 1918 Industrie, Banken und Verkehrswesen. Zusammen mit den Folgewirkungen des Ersten Weltkrieges führten diese Maßnahmen dazu, dass die industrielle Produktion von 1913 bis 1920 auf ein Fünftel des Vorkriegswertes zurückfiel. Viele Industriewerke schlossen oder produzierten nur noch auf niedrigstem Niveau. Ausländisches Kapital, das beispielsweise im Eisenbahnwesen eine große Rolle gespielt hatte, stand nunmehr für die Wirtschaftsentwicklung nicht mehr zur Verfügung. Während der Phase des Bürgerkriegs bis 1921 wurden ferner viele Industrieanlagen zerstört.

Die Zeit von 1921 bis 1928 stand im Zeichen des Wiederaufbaus zerstörter Anlagen. Die Produktion begann sich zunächst auf sehr niedrigem Niveau zu stabilisieren. Parallel dazu entwickelten Lenin und die Führungsgremien der KPdSU Pläne, um die Volkswirtschaft zentral zu lenken. Hierzu entstanden zwei **zentrale Plankommissionen**: die **Goelro** (Elektrifizierungskommission) und die **Gosplan** (staatliche Plankommission für die gesamte Wirtschaft). Mithilfe dieser Gremien galt es, folgende Grundsätze industrieller Entwicklung zu realisieren:

- **Staats-** bzw. **„Volkseigentum"** bildete die Grundlage für die industrielle Entwicklung;
- die Ausweitung der **Elektrizitätserzeugung** sollte die Voraussetzungen für eine breite industrielle Basis schaffen;
- eine gesamtstaatliche Planung der Volkswirtschaft durch **Fünfjahrespläne** sollte eine geordnete Entwicklung der Volkswirtschaft ermöglichen;
- die **Schwerindustrie** erhielt lange Zeit deutlich Vorrang vor der Konsumgüterindustrie.

Die praktische Umsetzung dieser Grundsätze bestimmte die Wirtschaftsgeschichte der Sowjetunion. Alle Bereiche der Volkswirtschaft wurden den Fünfjahresplänen unterworfen, die verbindliche Vorgaben bezüglich Qualität, Preis und Absatz enthielten. Die Wünsche der produzierenden Betriebe und der Konsumenten spielten dabei eine untergeordnete Rolle.

Das Grundelement der staatlichen Industriepolitik wurden sogenannte **Produktionskombinate**. Darunter verstanden die sowjetischen Planer räumliche Einheiten, deren industrielle Produktion sich auf einen bestimmten Bereich spezialisierte und deren Betriebe eine vertikale (unterschiedliche Produktionsebene) und horizontale Verflechtung (gleiche Produktionsebene) aufweisen sollten. Rohstoffe, Energieträger, Verkehrsmittel, Produktionsanlagen, der Absatz sowie die Nutzung von Nebenprodukten der Produktion galt es so miteinander zu verzahnen, dass wenigstens theoretisch ein wirtschaftliches Optimum in einem Kombinat erreicht werden konnte. Mehrere solcher Kombinate bildeten in der Sowjetunion ein **Wirtschaftsrajon** (Region), beispielsweise Westsibirien oder der mittelasiatische Raum.

Seit Ende der 20er-Jahre des 20. Jahrhunderts entstanden zahlreiche **Großprojekte der industriellen Entwicklung**: Zwischen 1930 und 1933 wurden Traktoren-, Lastwagen- und Schwermaschinenfabriken in Stalingrad, Rostow und Swerdlowsk aufgebaut. Der Ural und das Kusbas wurden zu einem Kombinat zusammengeschlossen. Weitere industrielle Kerne entwickelten sich in den Räumen Krasnojarsk und Irkutsk. Neben Anlagen der Schwerindustrie bildeten fast immer Elektrizitätskraftwerke einen Kristallisationspunkt der Industrieanlagen. Die UdSSR baute die größten Kraftwerke auf der Erde, und zwar entweder auf der Basis von Steinkohle oder, wie beispielsweise am Jenissej oder an der Angara, auf der Grundlage von Wasserkraft.

Der Zweite Weltkrieg führte zu einer Ostverlagerung mehrerer Tausend Betriebe aus dem Westen der Sowjetunion in die vor deutschen Angriffen sicheren Bereiche Ural, West- und Mittelsibirien. Dies setzte sich nach dem Zweiten Weltkrieg fort, indem der Staat weiterhin fast ein Drittel seiner Investitionen östlich des Ural in Sibirien, dem Fernen Osten und Mittelasien tätigte. Allerdings musste sich die UdSSR nach 1945 auch auf den Wiederaufbau zerstörter Betriebe und Infrastruktur im europäischen Teil der Union konzentrieren.

Die Verteilung der Territorialen Produktionskomplexe in der ehemaligen UdSSR

In den 60er- und 70er-Jahren des 20. Jahrhunderts wurde die Idee des Kombinats weiterentwickelt, und es entstand die Konzeption des **Territorialen Produktionskomplexes (TPK)**. Solche Gebiete umfassten oft mehrere Kombinate und deren intraregionale Verbindungen. Angestrebt wurde die wirtschaftliche, infrastrukturelle und siedlungsmäßige Erschließung des betreffenden Raumes, wobei die Orientierung an der Rohstoffgewinnung den zentralen Aspekt darstellte. Beispiele solcher TPKs waren Süd-Jakutien, Bratsk, Sajan, Süd-Tadschikistan, Krasnojarsk oder Timan-Petschora.

Beispiel für einen TPK: Sajan

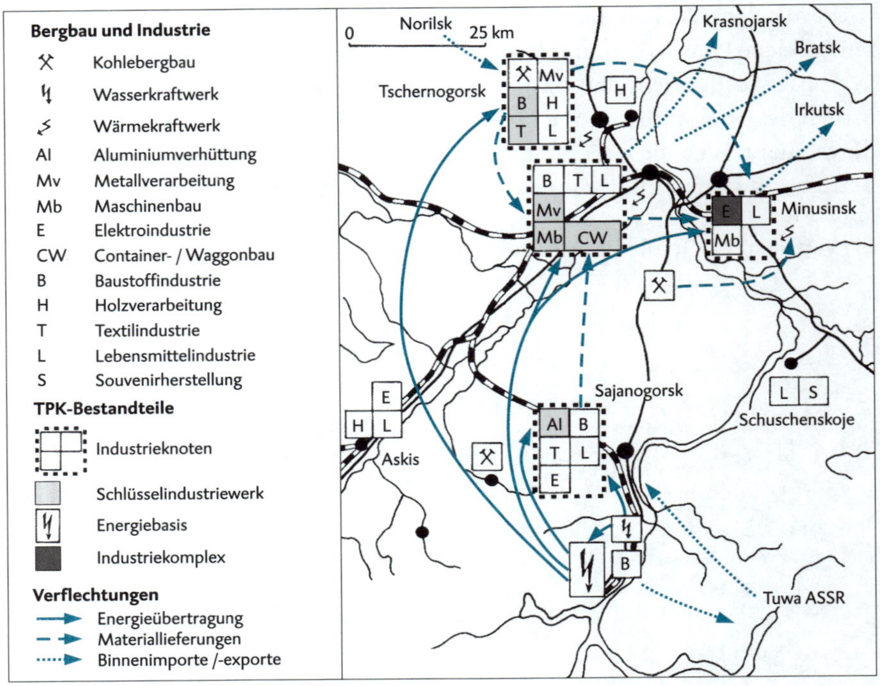


## 3.3 Ergebnisse und Probleme der Industrialisierung der UdSSR

In der Periode der Sowjetunion lag das industrielle Zentrum weiterhin im europäischen Teil des Raumes. Andererseits wurden im Zuge verstärkter Industrialisierung große Teile West- und Südsibiriens, des Fernen Ostens und Teile Mittelasiens in die **rohstoff- bzw. energieorientierte Raumerschließung** einbezogen. Schwerindustrie, Chemie und Rüstungsanlagen hatten Vorrang vor Leicht- und Konsumgüterindustrien. Dies war politisch so gewollt und wurde mittels der **Planwirtschaft** umgesetzt. Dadurch entwickelte sich der Lebensstandard der Bevölkerung nur begrenzt. Die Konsummöglichkeiten der Bürger blieben weit hinter denen in westlichen Ländern zurück.

Die Methode der **Zentralverwaltungswirtschaft** führte – ähnlich wie in der Landwirtschaft – dazu, dass politische Entscheidungen Vorrang vor ökonomischen Erwägungen bekamen. Viele Industriebetriebe arbeiteten daher ineffizient oder mussten sich an Standorten behaupten, die unter marktwirtschaftlichen Gesichtspunkten nicht entwickelt worden wären. Dies gilt beispielsweise für manche Kombinate und TKPs. Die Mitarbeiter in den Industriewerken fühlten sich wenig verantwortlich. Auch das Entlohnungssystem bot kaum Anreize zu einem effektiveren Arbeitsverhalten. Da ökonomisches Denken und Handeln begrenzt blieb, wurden häufig Rohstoffe und Arbeitsmaterialien verschwendet. Preise und Kosten spielten als wirtschaftliche Regulatoren kaum eine Rolle, denn der Staat garantierte Arbeitsplätze und den Aufkauf der oft unattraktiven Produkte. Die Konzeption mit Kombinaten und TKPs bedingte lange und kostenintensive Eisenbahntransportwege, z. B. um Steinkohle aus Nordkasachstan über viele Tausend Kilometer Richtung Ural zu transportieren.

Die staatliche Planung und das Staatseigentum an Betrieben führten dazu, dass sich das innovative Potenzial der Betriebe nicht entfalten konnte und Wettbewerb kaum existierte. Durch die Abschottung der Sowjetunion und ihrer Satellitenstaaten nach außen mussten die Staatsbetriebe auch keine internationale Konkurrenz fürchten. Somit hinterließ diese Phase der industriellen Entwicklung für die Nachfolgestaaten der UdSSR große Probleme.

## 3.4 Strukturen und Probleme der Industrie heute

Nach dem Zerfall der UdSSR änderten sich in den GUS-Staaten die Rahmenbedingungen in der Industrie noch deutlicher als in der Landwirtschaft. **Marktwirtschaft** und **Privatisierung** wurden die neuen Leitlinien der Industriepolitik. Die staatliche Leitung der Wirtschaft in der bisherigen Form der staatlichen Plankommission verschwand. Trotzdem behielt der Staat weiterhin großen Einfluss auf wirtschaftliche Entscheidungen. Die Ursachen dafür liegen vor allem in der Art und Weise, wie die „Entstaatlichung“ der Wirtschaft verlief.

In den 90er-Jahren des 20. Jahrhunderts wurden die meisten Staatsunternehmen privatisiert. Da in der sowjetischen Gesellschaft **wenig privates Kapital** angehäuft werden konnte, verlief dieser Prozess – an westlichen Vorstellungen gemessen – mitunter kriminell. Vielfach erwarben die Spitzenmanager der Staatsbetriebe aufgrund ihrer guten Beziehungen zu Politikern den gewünschten Besitz. Bestechungsgelder „halfen“ dabei ebenfalls. Schließlich gab es auch Fälle von physischer Gewaltanwendung, um Konkurrenten auszuschalten. Auf diese Weise behielt die ehemalige „Nomenklatura“ (Führungsschicht der Partei und Wirtschaft) maßgeblichen Einfluss in den nunmehr privaten Betrieben. Deren Staatsnähe versprach auch staatliche Aufträge. Ein klassisches Unternehmertum muss sich somit erst im Laufe der weiteren wirtschaftlichen Entwicklung herauskristallisieren.

Russlands Wirtschaft: Besitzverflechtungen und Eigentumsstrukturen

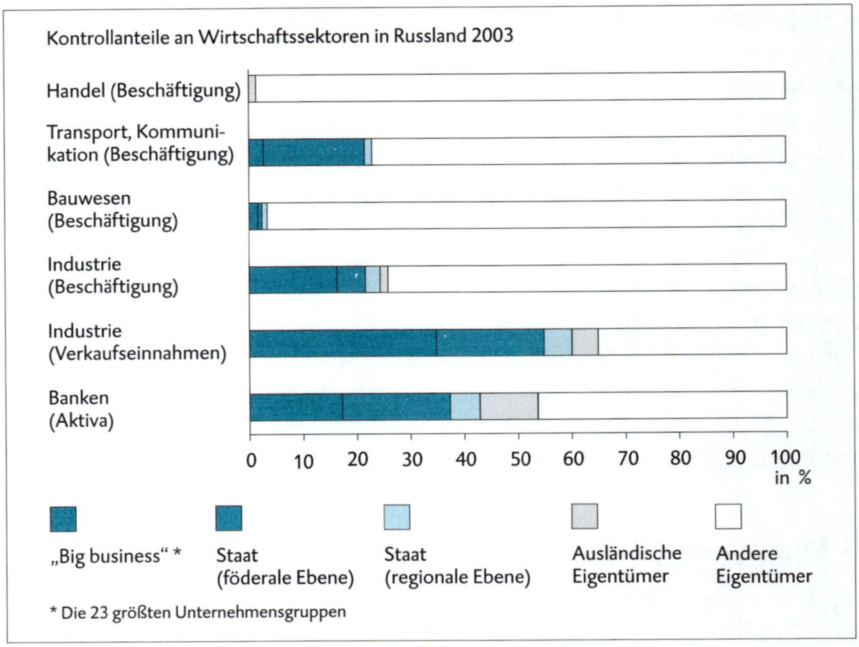


Mittlerweile garantiert in Russland das neue Bodenrecht seit 2002, dass Flächen für Industrie- und Gewerbebetriebe in privaten Besitz übergehen können. Die Eigentumsverteilung in den verschiedenen Wirtschaftssektoren ist in Russland sehr unterschiedlich. Nach Untersuchungen der Weltbank kontrollieren im Bankenwesen und in der Industrie **wenige Unternehmensgruppen** große Teile der Produktion. Insbesondere im Erdöl- und Erdgassektor nehmen wenige **Oligarchen** eine entscheidende Position ein. Auch dem Staat gehören in diesem Wirtschaftssektor bedeutende Anteile und er versucht, seinen Einfluss in diesem Bereich weiter auszudehnen. Der russische Präsident Putin hat ab 2004 deutliche Erfolge erzielt. Banken und Industrieunternehmen gehören zu über 50 % den Oligarchen und dem Staat. Im Handel und im Bauwesen hat sich dagegen – auf Russland bezogen – eine breite unternehmerische Schicht gebildet, die die größte Staatsferne der verschiedenen Wirtschaftssektoren repräsentiert. Immerhin erwirtschaften privatisierte Betriebe in Russland mittlerweile über 70 % des Bruttoinlandsprodukts. Mit gewissen Abweichungen verläuft diese Entwicklung auch in den anderen GUS-Staaten ähnlich.

Alle GUS-Staaten durchliefen nach der Auflösung der UdSSR eine tief greifende **Wirtschaftskrise**. Marode Staatsbetriebe brachen zusammen, staatliche Subventionen und bisherige Absatzmärkte fielen weg. Nimmt man 1991 als Basisjahr kurz vor der Auflösung der UdSSR, sank in einigen GUS-Staaten die **Industrieproduktion** auf ein Fünftel des Ausgangswertes. Der Tiefpunkt wurde fast überall 1998 erreicht. Seitdem erholt sich die industrielle Produktion stetig, übertrifft bisher das Ausgangsniveau jedoch nur in wenigen Fällen.

Volumen der Industrieproduktion[15]

| Basis 1991 = 100 % | 1992 | 1995 | 1998 | 1999 | 2000 | 2001 | 2002 |
|---|---|---|---|---|---|---|---|
| Aserbaidschan | 70 | 33 | 32 | 33 | 35 | 37 | 38 |
| Armenien | 52 | 50 | 50 | 52 | 56 | 59 | 67 |
| Weißrussland | 91 | 62 | 86 | 95 | 102 | 108 | 113 |
| Georgien | 54 | 18 | 21 | 22 | 24 | 23 | 25 |
| Kasachstan | 86 | 48 | 49 | 51 | 59 | 67 | 74 |
| Kirgisistan | 74 | 27 | 41 | 39 | 42 | 44 | 39 |
| Moldawien | 73 | 51 | 40 | 36 | 38 | 44 | 48 |
| Russland | 82 | 54 | 50 | 55 | 62 | 65 | 67 |
| Tadschikistan | 76 | 45 | 36 | 38 | 42 | 48 | 53 |
| Turkmenistan | 85 | 61 | 58 | – | – | – | – |
| Usbekistan | 93 | 98 | 109 | 115 | 122 | 131 | 142 |
| Ukraine | 94 | 55 | 52 | 54 | 60 | 69 | 74 |
| **GUS-Durchschnitt** | **82** | **52** | **51** | **55** | **61** | **65** | **68** |

| Basis 2000 = 100 % | 2001 | 2003 | 2004 | 2005 | 2006 | 2007 | 2008 |
|---|---|---|---|---|---|---|---|
| Aserbaidschan | 105 | 116 | 122 | 163 | 223 | 276 | 293 |
| Armenien | 105 | 139 | 142 | 153 | 152 | 156 | 159 |
| Weißrussland | 106 | 119 | 137 | 152 | 169 | 184 | 204 |
| Georgien | 95 | 117 | 127 | 148 | – | – | – |
| Kasachstan | 114 | 137 | 151 | 159 | 170 | 179 | 182 |
| Kirgisistan | 105 | 110 | 115 | 101 | 91 | 97 | 112 |
| Moldawien | 114 | 146 | 158 | 169 | 161 | 158 | 160 |
| Russland | 103 | 116 | 125 | 130 | 135 | 144 | 147 |
| Tadschikistan | 115 | 137 | 158 | 173 | 182 | 201 | 193 |
| Turkmenistan | 130 | 188 | – | – | – | – | – |
| Usbekistan | 108 | 124 | 136 | 146 | 161 | 181 | – |
| Ukraine | 114 | 142 | 159 | 164 | 174 | 192 | 186 |
| **GUS-Durchschnitt** | **106** | **121** | **132** | **139** | **146** | **156** | **156** |

Die **Branchenstruktur** der Industrie in den GUS-Staaten hat sich bisher nicht grundlegend gewandelt. Es dominiert weiterhin die **Schwerindustrie**, in Russland der Energiesektor. Konsumgüter- und Leichtmetallindustrien sind nach wie vor unterentwickelt. Eine größere **Diversifizierung** wäre wünschenswert,

15 Quelle: www.cisstat.com

um beispielsweise die Abhängigkeit Russlands vom Energiesektor zu vermindern. Allerdings hat die Bedeutung der Industrie zugunsten des tertiären Sektors abgenommen. Für Russland ergaben sich für den Anfang des 21. Jahrhunderts (2006, in Klammern 1990) bezüglich der Wertschöpfung folgende Werte: Landwirtschaft 5 % (17), Industrie 39 % (48) und Dienstleistungen 56 % (35).

Bedeutsam sind die **regionalen Disparitäten**. Grundsätzlich sind die alten industriellen Schwerpunkträume erhalten geblieben. Hierzu zählen die wichtigsten Großstädte der GUS-Staaten, die bedeutendsten Rohstoffgebiete in der Ukraine, im Kaukasus, im Wolga-Ural-Gebiet, in West- und Südsibirien sowie in den südlichen Randbereichen der mittelasiatischen Staaten. Die politischen und wirtschaftlichen Strukturveränderungen führen jedoch dazu, dass die peripheren Wirtschaftsräume (große Teile Nord- und Ostsibiriens sowie der Ferne Osten Russlands) ausdünnen, andere sich dagegen stark entwickeln. Zu den zuletzt genannten Regionen gehören die Kernräume Russlands, besonders um Moskau und St. Petersburg, aber auch aufstrebende großstädtische Zentren der anderen GUS-Staaten wie Kiew oder Lemberg.

## 4 Strukturen und Probleme des Außenhandels

Innerhalb der GUS nimmt die Russische Föderation einen dominierenden Platz im Außenhandel ein. Dies gilt sowohl für **Exporte** als auch **Importe**. Mit großem Abstand folgen die Ukraine, Kasachstan und Weißrussland. Die anderen GUS-Staaten sind bezüglich des Außenhandelsvolumens vergleichsweise unbedeutend. Eine Gegenüberstellung der Export- und Importwerte zeigt, dass vor allem **Russland** eine extrem **aktive Handelsbilanz** aufweist. Gleiches gilt für Kasachstan. Die Ukraine und Aserbaidschan verfügen über eine in etwa ausgeglichene Bilanz. Die anderen GUS-Staaten weisen eine **negative Handelsbilanz** auf, d. h. der Wert der Importe übersteigt den der Exporte deutlich.

Vergleicht man das **Handelsvolumen** (Summe aller Exporte und Importe) Russlands und der anderen GUS-Staaten mit demjenigen anderer europäischer Staaten, so fällt der geringe Umfang in den Ländern der GUS auf. Beispielsweise lässt sich das russische Handelsvolumen von den Werten her mit dem Belgiens oder Österreichs gleichsetzen. Das Pro-Kopf-Volumen des Außenhandels der GUS-Staaten liegt insgesamt sehr niedrig und ähnelt eher demjenigen von Staaten der Dritten Welt als von Industriestaaten. Insgesamt hat sich das Handelsvolumen fast aller GUS-Staaten seit Mitte der 90er-Jahre des 20. Jahrhunderts aber stark erhöht, oft sogar mehr als verdoppelt. Dies deutet auf die wirtschaftliche Konsolidierung dieser Staaten hin.

Allerdings haben sich die **Warenströme verlagert**. Bildete der Raum der ehemaligen Sowjetunion und ihrer Satellitenstaaten bis 1990 das Haupthandelsgebiet, so spielen mittlerweile Staaten außerhalb der GUS eine immer wichtigere Rolle. Mit wenigen Ausnahmen handeln die meisten GUS-Staaten mehr mit anderen Ländern als mit ihren GUS-Nachbarn. Hierbei bildet Weißrussland eine große Ausnahme, denn es hat sich unter Präsident Lukaschenko nicht nur politisch, sondern auch wirtschaftlich sehr eng an Russland gebunden. Auch für die Ukraine spielen Rohstofflieferungen aus Russland eine große Rolle: Die Hälfte der ukrainischen Importe stammt aus GUS-Staaten.

Exporte und Importe der GUS-Staaten in Mio. US-$[16]

| | Exporte 1995 | | | Exporte 2008 | | |
|---|---|---|---|---|---|---|
| | Summe | GUS-Staaten | andere Staaten | Summe | GUS-Staaten | andere Staaten |
| Aserbaidschan | 637 | 285 | 352 | 46 973 | 1 525 | 45 448 |
| Armenien | 271 | 170 | 101 | 1 008 | 317 | 691 |
| Georgien | 152 | 95 | 57 | 1 425 | 502 | 923 |
| Kasachstan | 5 250 | 2 883 | 2 367 | 66 950 | 10 373 | 56 577 |
| Kirgisistan | 409 | 269 | 140 | 1 498 | 735 | 763 |
| Moldawien | 746 | 467 | 279 | 1 477 | 582 | 895 |
| Russland | 78 242 | 14 555 | 63 687 | 439,5 | 66,0 | 373,5 |
| Tadschikistan | 749 | 252 | 497 | 1 331 | 208 | 1 123 |
| Turkmenistan | 1 881 | 930 | 951 | – | – | – |
| Usbekistan | 2 821 | 1 109 | 1 712 | – | – | – |
| Ukraine | 13 128 | 6 960 | 6 168 | 63 046 | 22 270 | 40 776 |
| Weißrussland | 4 803 | 3 027 | 1 776 | 31 256 | 13 680 | 17 576 |

| | Importe 1995 | | | Importe 2008 | | |
|---|---|---|---|---|---|---|
| | Summe | GUS-Staaten | andere Staaten | Summe | GUS-Staaten | andere Staaten |
| Aserbaidschan | 667 | 228 | 439 | 6 496 | 2 150 | 4346 |
| Armenien | 674 | 334 | 340 | 3 985 | 1 168 | 2817 |
| Georgien | 396 | 159 | 237 | 5 596 | 1 859 | 3737 |
| Kasachstan | 3 807 | 2 653 | 1 154 | 34 260 | 15 997 | 18263 |
| Kirgisistan | 522 | 353 | 169 | 3 680 | 2 036 | 1644 |
| Moldawien | 841 | 569 | 272 | 4 492 | 1 570 | 2922 |
| Russland | 46 807 | 13 690 | 33 117 | 245,8 | 34,5 | 211,3 |
| Tadschikistan | 810 | 478 | 332 | 2 971 | 1 687 | 1284 |
| Turkmenistan | 1 364 | 745 | 619 | – | – | – |
| Usbekistan | 2 748 | 1 118 | 1 630 | – | – | – |
| Ukraine | 15 484 | 9 996 | 5 488 | 80 757 | 32 061 | 48696 |
| Weißrussland | 5 564 | 3 677 | 1 887 | 36 678 | 24 564 | 12114 |

16 Quelle: www.cisstat.com

Betrachtet man die **Warenstruktur** des Außenhandels, so zeigen sich teilweise große Disproportionalitäten. Besonders deutlich wird dies bei Russland. Über die Hälfte der russischen **Ausfuhren** besteht aus Rohöl, Erdölprodukten und Erdgas. Hinzu kommen weitere Rohstoffe. Fertigprodukte, Textilien, Maschinen oder weitere Konsumgüter nehmen nur einen geringen Stellenwert ein. Eine ähnliche, auf Rohstoffen basierende Exportstruktur weisen Kasachstan, Aserbaidschan, Turkmenistan und Tadschikistan auf. In Usbekistan dominiert der Rohstoff Baumwolle.

Die **Importe** der Russischen Föderation bestehen neben Nahrungsmitteln vor allem aus Produkten, die die russische Wirtschaft in zu geringer Menge oder zu geringer Qualität herstellt. Hierbei liegt ein deutlicher Schwerpunkt bei Maschinen, Ausrüstungen und Transportmitteln, also Produkten, die für die Modernisierung und den Aufbau der russischen Wirtschaft dringend benötigt werden. Dies trifft auch für die Importstruktur der anderen GUS-Staaten zu.

Da das eigene Rohstoffpotenzial begrenzt ist und die Weltmarktpreise häufig stark schwanken, muss es Ziel der Wirtschaftspolitik einiger GUS-Staaten sein, die Abhängigkeit von den Rohstoffexporten zu reduzieren und die **Exportstruktur** zu **diversifizieren**.

Die Export- und Importstruktur der Russischen Föderation (2007)

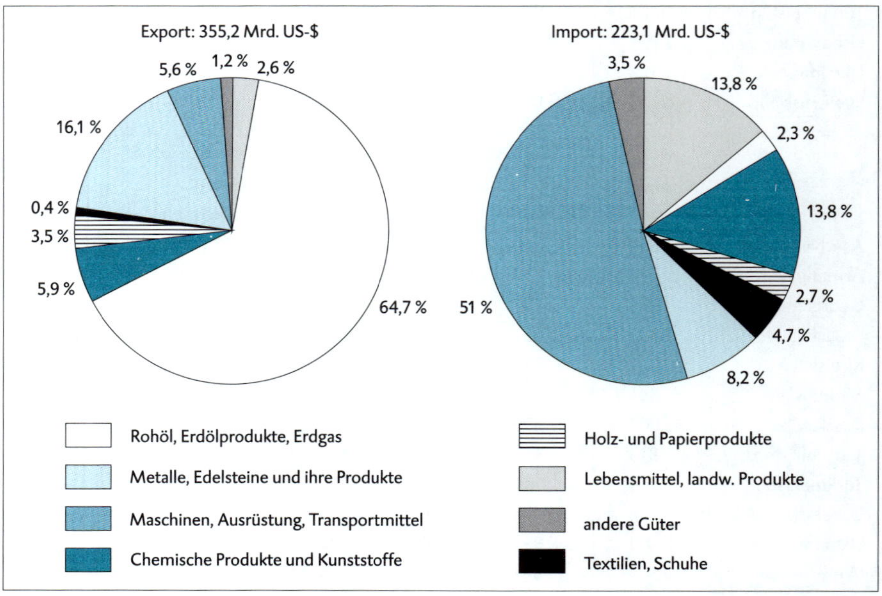

# 5 Der tertiäre und quartäre Sektor

## 5.1 Die Ausgangslage am Ende der Sowjetzeit

Wie die anderen Wirtschaftsbereiche war der Dienstleistungssektor Teil der **Zentralverwaltungswirtschaft**. Er musste sich folglich auch in das System der Fünfjahrespläne einfügen. **Planerfüllung** wurde das Grundprinzip des Handels und anderer Tätigkeiten im tertiären und quartären Sektor. Der Kunde wurde in diesem System eher als Bittsteller empfunden, der die staatlich vorgegebenen Abläufe stören konnte. Letzteres hatte beispielsweise zur Folge, dass das Betriebspersonal Kunden eher unfreundlich behandelte: Hilfestellung oder Beratung spielten kaum eine Rolle, denn Verkäufer verstanden sich nicht als Förderer des Absatzes. Dies war allerdings meist auch nicht nötig, weil das Warenangebot oft nicht ausreichte, um den Bedarf zu befriedigen.

Die sowjetische Planwirtschaft tendierte in allen Wirtschaftsbereichen zu **großen organisatorischen Einheiten**. Kleine Betriebe waren diesem System fremd und galten als schlecht steuerbar. Für größere Siedlungskomplexe gab es zentrale gastronomische Angebote, „Kulturpaläste", Einkaufshallen, zentrale Freizeiteinrichtungen und Sportstätten, zentrale Bildungseinrichtungen sowie eine zentrale ärztliche Versorgung. Individuelle Angebote in den genannten Bereichen existierten folglich nicht. Auch das äußere architektonische Erscheinungsbild dieser **Dienstleistungszentren** war in den meisten sowjetischen Städten ähnlich. Da es kaum Wettbewerb zwischen den Städten oder einzelnen Betrieben gab, existierte kein Anreiz, sich kundenorientiert zu verhalten. Angebote für gehobenen Konsum (z. B. Schmuckläden) gab es überwiegend nur in den größten Städten. Sie galten als Luxus und als Zeichen des kapitalistischen Überflusses.

Neben den Dienstleistungszentren konzentrierte sich die sowjetische Planwirtschaft im tertiären Sektor auf folgende Bereiche: **Militär, Polizei** und weitere **Sicherheitsorgane des Staates** beschäftigten sehr viele Angestellte, die in der Terminologie der Sowjetunion auch als Arbeiter galten. Die Kontrolle der Bürger auf allen Ebenen erforderte sehr viel Personal. Dies galt auch für die Planwirtschaft selbst. Für jeden Wirtschaftsbereich war beispielsweise ein personell aufgeblähtes **Ministerium** zuständig. Kommen westliche Staaten mit drei bis vier Ministerien aus, die die Wirtschaft koordinieren, so hatten manche ehemaligen sozialistischen Staaten je nach ihrer Größe 50 oder 60 Ministerien mit jeweiligen regionalen Unterabteilungen.

Zu weiteren Schwerpunkten im tertiären Sektor zählten **Bildungseinrichtungen** und **wissenschaftliche Zentren**. Neben den Universitäten ist beispielsweise die Akademikerstadt Akademgorodok zu nennen, ein mehrere Zehntausend Einwohner umfassender Stadtteil von Nowosibirsk (s. S. 145). Die dort betriebene Forschung diente in erster Linie dem Ziel, die militärische Macht der UdSSR zu stärken.

Gegenüber marktwirtschaftlichen Systemen fehlten kleinere Freizeiteinrichtungen mit individueller Ausrichtung in der Gastronomie, im Tourismus, bei freien Berufen (z. B. Ärzten, Rechtsanwälten, Steuerberatern, Versicherern) sowie im Verkauf.

Die Entwicklung der Erwerbsstruktur in der Sowjetunion (in %)

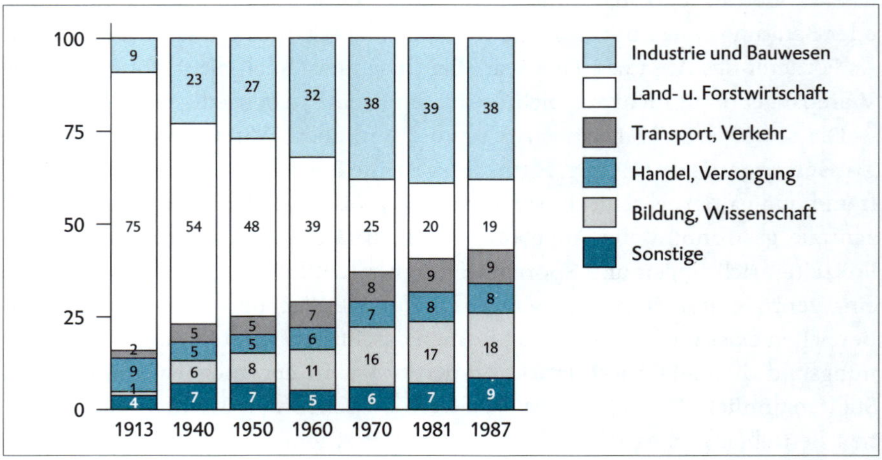


## 5.2 Der Transformationsprozess seit Auflösung der UdSSR

Die Auflösung der Sowjetunion änderte die Rahmenbedingungen für den tertiären und quartären Sektor erheblich. Für die Ansiedlung von Betrieben insbesondere des tertiären Sektors galten zunehmend **marktwirtschaftliche Standortfaktoren**. Folgende Aspekte bestimmten fortan die Entwicklung:

- Der Staat reduzierte sein Engagement im tertiären und quartären Sektor.
- Der tertiäre Sektor entwickelte sich dort besonders stark, wo die Defizite in der Sowjetzeit eklatant waren.
- Unrentable Standorte, die sich nun privat tragen mussten, wurden aufgegeben.
- Die sich differenzierende postsowjetische Gesellschaft entwickelte Konsumgewohnheiten, die sich denen in westlichen Ländern anglichen.

Der Rückzug des Staates aus der Wirtschaft schuf in der postsowjetischen Zeit in den meisten GUS-Staaten das Phänomen der **Arbeitslosigkeit** in unterschiedlicher Ausprägung. **Boomende Regionen** wurden die **großen Zentren** der GUS-Staaten, während die **Randbereiche** wie Nord- und Nordostsibirien, der Ferne Osten sowie generell ländliche Gebiete fernab der größeren Städte **Arbeitsplatzverluste** zu verzeichnen hatten. In den ländlichen Regionen stieg auch die Arbeitslosenrate, gemessen an der Anzahl der Arbeitsfähigen und -willigen, auf teilweise über 10 %. Dabei verminderte sich sowohl die Zahl der Industriebeschäftigten als auch die der Beschäftigten in staatsnahen und jetzt unrentablen Dienstleistungsbetrieben (z. B. in veralteten Warenhäusern oder staatlichen und kommunalen Verwaltungen). Die Arbeitsplatzreduzierungen verliefen bei diesen Betrieben jedoch oft sehr moderat, weil die verantwortlichen Politiker häufig Entlassungen scheuten, sodass die Rentabilität nur begrenzt gesteigert werden konnte.

Am Beispiel Russlands lässt sich gut erläutern, welche **Wachstumsbranchen** sich seit der Auflösung der UdSSR herausgebildet haben. Hierzu gehören der Handel, Versicherungen, das Bankwesen, Werbung, Tourismus und Immobiliengeschäfte. Der Anteil dieser Bereiche an der Volkswirtschaft hat sich z. T. extrem erhöht. Die Beschäftigtenzahl verdoppelte sich mitunter seit 1991, der Anteil am Bruttoinlandsprodukt erhöhte sich deutlich. Auch die Telekommunikation nahm erheblich zu, Telefonnetze und -anschlüsse wurden erweitert und verbessert. In den größeren Städten ist für viele Bürger ein Internetzugang mittlerweile selbstverständlich, die ländlichen Gebiete hinken diesbezüglich noch hinterher. Gemessen am Standard der EU-Staaten liegen die GUS-Länder noch zurück, holen jedoch in Teilen schnell auf.

Russland: Bruttoinlandsprodukt 1997–2008 (in % des gesamten BIP)[17]

<table>
<tr><th></th><th>1997</th><th>2000</th><th>2003</th><th>2008</th></tr>
<tr><td>Landwirtschaft</td><td>6,7</td><td>6,7</td><td>5,5</td><td>4,9</td></tr>
<tr><td>Industrie</td><td>29,8</td><td>31,4</td><td>27,1</td><td>29,4</td></tr>
<tr><td>Bauwesen</td><td>8,4</td><td>6,6</td><td>7,1</td><td>6,4</td></tr>
<tr><td>Handel</td><td>18,8</td><td>23,7</td><td>22,2</td><td rowspan="2">31,0</td></tr>
<tr><td>Transporte / Verkehr</td><td>12,5</td><td>9,1</td><td>9,4</td></tr>
<tr><td>Banken, Versicherungen, Forschung</td><td>9,2</td><td>11,7</td><td>14,9</td><td>15,7</td></tr>
<tr><td>Staatsdienst / Militär</td><td>4,8</td><td>4,2</td><td>5,0</td><td rowspan="2">12,6</td></tr>
<tr><td>Bildung und soziale Dienste</td><td>9,8</td><td>6,6</td><td>8,8</td></tr>
</table>

Russland: Sektorale Beschäftigung, 1997–2007 (in % der Gesamtbeschäftigten)[17]

| | 1997 | 2000 | 2003 | 2007 |
|---|---|---|---|---|
| Gesamtbeschäftigung | 100,0 | 100,0 | 100,0 | 100,0 |
| Land- und Forstwirtschaft | 13,7 | 13,4 | 11,6 | 10,2 |
| Industrie | 23,0 | 22,6 | 21,7 | 21,1 |
| Bauwesen | 8,8 | 7,8 | 7,7 | 7,8 |
| Handel | 13,5 | 14,6 | 17,1 | 17,4 |
| Transporte/Verkehr | 7,9 | 7,8 | 7,7 | 8,0 |
| Staatsdienst | 5,2 | 5,7 | 5,9 | 5,2 |
| Gesundheit, Wissenschaft, Kultur, Bildung | 20,1 | 19,8 | 19,8 | 19,5 |
| Sonstige | 7,8 | 8,3 | 8,5 | 9,0 |

Die genannten Entwicklungen führen dazu, dass sich **innere und äußere Strukturen** der GUS-Staaten seit 1991 **schnell wandeln**. Dies betrifft beispielsweise den inneren Aufbau der Städte, das Ausbildungswesen oder die Mobilität der Bevölkerung. Um die Nachfrage in den oben genannten boomenden Branchen zu befriedigen, entstehen in den städtischen Zentren entsprechende Geschäfte und Dienstleistungsbetriebe, während sich die alten, aus sowjetischer Zeit stammenden Strukturen auflösen.

Dies zeigt sich auch in den **baulichen Veränderungen**. Überall dort, wo neue Geschäfte eröffnen, finden Renovierungen der teils maroden Bausubstanz statt. Diese Stadtteile werden nach und attraktiver gestaltet. Es entstehen zunächst **basarähnliche Märkte** mit mobilen Verkaufsständen, Buden oder in Leichtbauweise hergerichtete Kleinstläden mit einem reichhaltigen Angebot an Konsumartikeln. Solche Strukturen bleiben so lange erhalten, bis sich in den Stadtzentren als Folge von Investitionen neue Marktzentren in neuen oder renovierten Bauten herausgebildet haben. Die GUS-Staaten durchlaufen in diesem Sektor gerade Entwicklungen, wie sie nach der Wende 1990 in den neuen Bundesländern oder in Polen und Tschechien zu beobachten waren. Nach einigen Jahren des Übergangs verschwinden diese mobilen Märkte meist wieder.

Aufgrund der neuen tertiären Strukturen verstärkt sich die Nachfrage nach **qualifizierten Arbeitskräften** in den entsprechenden Branchen, sodass sich der Ausbildungssektor darauf einstellen muss. Dies geschieht im staatlichen Bildungsbereich eher zögerlich. Die Lücke schließen private Anbieter, die zunehmend Personal in speziellen Ausbildungsstätten und Fachschulen bilden.

17 Quelle der Tabellen S. 101/102: International Monetary Fund, www.imf.org; Zahlen 2008: www.auswärtiges-amt.de/Länderinfo/Russ.Foderation
www.gks.ru/labour

Anteile der Wirtschaftssektoren am BIP bei den Beschäftigten der GUS-Staaten (2005/2006)[18]

| | Landwirtschaft (in %) | | Industrie (in %) | | Dienstleistungen (in %) | |
|---|---|---|---|---|---|---|
| | BIP | Beschäftigte | BIP | Beschäftigte | BIP | Beschäftigte |
| Armenien | 20 | 47 | 44 | 15 | 37 | 38 |
| Aserbaidschan | 7 | 39 | 70 | 12 | 23 | 49 |
| Georgien | 13 | 54 | 25 | 9 | 62 | 36 |
| Kasachstan | 6 | 32 | 42 | 18,0 | 52 | 50 |
| Kirgisistan | 33 | 48 | 20 | 13 | 47 | 39 |
| Moldawien | 18 | 41 | 15 | 16 | 67 | 43 |
| Russland | 5 | 10 | 39 | 30 | 56 | 60 |
| Tadschikistan | 25 | 67,4 | 27 | 8,7 | 48 | 23,4 |
| Turkmenistan | 20 | 48,0 | 41 | 14 | 39 | 38 |
| Ukraine | 9 | 19 | 35 | 24 | 56 | 56 |
| Usbekistan | 26 | 29 | 27 | 13 | 47 | 58 |
| Weißrussland | 9 | 10,7 | 42 | 34,5 | 49 | 54,8 |

Da die **Motorisierung** der Bevölkerung zunimmt, entstehen in den Städten Tankstellen, Verkaufsagenturen und Reparaturwerkstätten für Fahrzeuge. Auch hier entwickelt sich ein moderner Wirtschaftssektor, der deutlich mit den überkommenen Mobilitätsstrukturen kontrastiert. Diese zeigen sich in der Dominanz des öffentlichen Personenverkehrs mit häufig maroden Bussen, Bahnen sowie dürftig ausgestatteten Haltestellen. Die Kosten für die Nutzung der öffentlichen Verkehrsmittel liegen allerdings nach wie vor sehr niedrig.

Der **quartäre Sektor** ändert seine Struktur insofern, als die **militärisch** ausgerichtete **Forschung und Entwicklung** relativ **an Bedeutung verliert**, besonders in den nicht-russischen GUS-Staaten, während für Russland dieser Sektor weiterhin wichtig bleibt. Andererseits nimmt der **Forschungs- und Wissenschaftsaustausch** mit Staaten außerhalb der GUS auch dank der modernen Informationstechnik schnell zu, sodass hier Wandlungsprozesse eintreten, die eine „Verwestlichung" von Forschung und Entwicklung zur Folge haben. Allerdings werden diese Prozesse stark behindert, weil die GUS-Staaten dafür nur eingeschränkte finanzielle Mittel bereitstellen können.

18 Quelle: Der Fischer Weltalmanach 2009. © Fischer Taschenbuch Verlag GmbH, Frankfurt/Main 2008

## Zusammenfassung

- Die GUS gehört zu den **rohstoffreichsten Gebieten** der Erde. Innerhalb dieses Großraumes sind die Bodenschätze sehr **unterschiedlich verteilt**. Insbesondere Russland, einige Kaukasusstaaten und manche mittelasiatische Staaten verfügen über reiche Vorkommen. Fossile Energieträger dominieren, während erneuerbare Energien bislang kaum genutzt werden. Die Rohstoffförderung wird durch die klimatischen Verhältnisse erschwert.
- Die **Verkehrsinfrastruktur** konzentriert sich auf die **klimatisch begünstigten Räume**, besonders auf den Atlantischen Keil. Der Norden bzw. Nordosten ist verkehrsmäßig kaum erschlossen. Erst kurz vor dem Ersten Weltkrieg wurde der Ferne Osten durch die **Transsib** an das russische Kernland angeschlossen. Die **Eisenbahn** dominiert als wichtigstes Transportmittel für Güter. Schifffahrt und Straßen spielen vor allem im europäischen Teil der GUS eine bedeutende Rolle. Im Personenverkehr über weite Strecken ist das **Flugzeug** das wichtigste Verkehrsmittel. Moskau ist der zentrale Verkehrsknotenpunkt für Russland und z. T. für andere Bereiche der GUS. Deren Hauptstädte entwickeln sich zunehmend zu regionalen Verkehrsknoten.
- Die industrielle Entwicklung setzte im Russischen Reich in der 2. Hälfte des 19. Jahrhunderts ein, berührte aber das Reich noch sehr begrenzt. In sowjetischer Zeit erfolgte seit Stalin eine **massive Industrialisierung**, die sich auf die Elektrifizierung des Staates und die Entwicklung der Schwerindustrie konzentrierte. Andere Industrien wurden vernachlässigt. Ein räumlicher Schwerpunkt lag auf der **industriellen Erschließung Sibiriens** und des **Fernen Ostens**.
- Nach dem Zerfall der UdSSR wurde die Wirtschaft in den GUS-Staaten größtenteils **privatisiert** und marktwirtschaftliche Strukturen wurden eingeführt, wobei sogenannte **Oligarchen** einige Branchen beherrschen. Der Staat zog sich vielfach aus dem Wirtschaftsgeschehen zurück. Einige Branchen und Standorte mussten aufgegeben werden, insbesondere in den Ungunsträumen, während sich z. B. Moskau oder St. Petersburg durchaus dynamisch entwickeln.
- Der **Außenhandel** der GUS-Staaten erreicht im Vergleich zu westlichen Staaten erst ein **geringes Volumen**, entwickelte sich jedoch in den letzten Jahren stark. Bei den Exporten dominieren Rohstoffe, während bei den Importen hochwertige Maschinen und Ausrüstungen im Vordergrund stehen. Die Bedeutung des Handels innerhalb der GUS ist zugunsten des Warenver-

kehrs mit Nicht-GUS-Staaten zurückgegangen. Bedeutende Handelspartner wurden die EU, die USA und zunehmend China.

- Der **tertiäre und quartäre Sektor** der Volkswirtschaft war zu Sowjetzeiten, wie die anderen Sektoren auch, in das System der **Zentralen Verwaltungswirtschaft** mit seinen **Fünfjahresplänen** eingebunden. Dazu gehörte eine bewusste **Unterversorgung besonders der kundenorientierten Dienstleistungen**. Auch die Anbieter selbst verstanden sich kaum als Dienstleister für die Bevölkerung. Bestimmte Sektoren expandierten überproportional. Dazu gehörten die **staatliche Verwaltung** und der gesamte **Militär- und Sicherheitsapparat**. Äußerlich zeigte sich die Sektoren in großen baulichen Einheiten, die die Zentren der Städte prägten.
- In der **postsowjetischen Zeit** lösten sich die alten Strukturen teilweise auf. Neue, **privatwirtschaftlich ausgerichtete Branchen** entstanden und begannen die Nachfrage der Bevölkerung zu befriedigen. Dies zeigte sich auch in Veränderungen besonders der innerstädtischen Strukturen und Erscheinungen. In Ungunst- bzw. ländlichen Räumen der GUS-Staaten vollzieht sich dieser Wandlungsprozess zögerlich; oft verschwinden alte Strukturen, bevor sich leistungsfähige neue herausbilden. **Abwanderungsbewegungen** der Bevölkerung in die aufstrebenden Zentren sind die Folge.

# Bevölkerung und Ethnien der GUS-Staaten

## 1 Entwicklung und Struktur der Bevölkerung

In den letzten 100 Jahren hat sich die Bevölkerung der GUS-Staaten hinsichtlich ihrer Zahl, Dichte, räumlichen Verteilung sowie ihrer Sozialstruktur deutlich verändert. Hierin spiegeln sich nicht nur die Veränderungen zwischen Zarenzeit, Sowjetregime und den Nachfolgestaaten der UdSSR wider. Ebenso zeigen sich raumrelevante Prozesse des Wandels von einer Agrar- zu einer Industrie- und Dienstleistungsgesellschaft, die sich auf die Erschließung des riesigen Territoriums auswirkten.

### 1.1 Die Entwicklung der Bevölkerungszahl

Seit dem 18. Jahrhundert ist die Bevölkerungszahl des Russischen Reiches permanent angestiegen (1719: ca. 15,7 Mio. /1811: ca. 42 Mio.). Dieser Anstieg lässt sich auf die natürliche Bevölkerungszunahme und die territoriale Expansion des Reiches zurückführen. Ab der Mitte des 19. Jahrhunderts verzeichnete Russland einen Anstieg der Bevölkerung auf 140 Mio. Einwohner. Als Folge des Ersten Weltkrieges verringerte sich dann aber diese Zahl – nicht nur wegen der vielen Kriegstoten: Auch das Territorium der neuen UdSSR verkleinerte sich erheblich gegenüber jenem des ehemaligen Russischen Reiches. Im Jahre 1940, also vor Ausbruch des Zweiten Weltkrieges (für die UdSSR), erreichte die Einwohnerzahl fast 195 Mio., sank dann wegen der vielen Kriegsopfer um fast 20 Mio. und erreichte 1989 mit 289 Mio. ihren Höhepunkt. Nur China und Indien hatten zu diesem Zeitpunkt höhere Einwohnerzahlen.

Seit der Auflösung der UdSSR 1991 stagniert die Einwohnerzahl einiger GUS-Staaten, bei anderen steigt sie dagegen deutlich. Sie lag 2006 bei ca. 277 Mio. und verteilt sich auf die Einzelstaaten wie folgt:

Einwohner der GUS-Staaten 2009 (in Mio.)[19]

| | |
|---|---|
| Russland | 140,04 |
| Ukraine | 45,7 |
| Usbekistan | 27,6 |
| Kasachstan | 15,3 |
| Weißrussland | 9,6 |
| Aserbaidschan | 8,2 |
| Tadschikistan | 7,3 |
| Kirgisistan | 5,4 |
| Turkmenistan | 4,8 |
| Georgien | 4,6 |
| Moldawien | 4,3 |
| Armenien | 2,9 |

Natürliche Bevölkerungsentwicklung der GUS-Staaten (2006)[19]

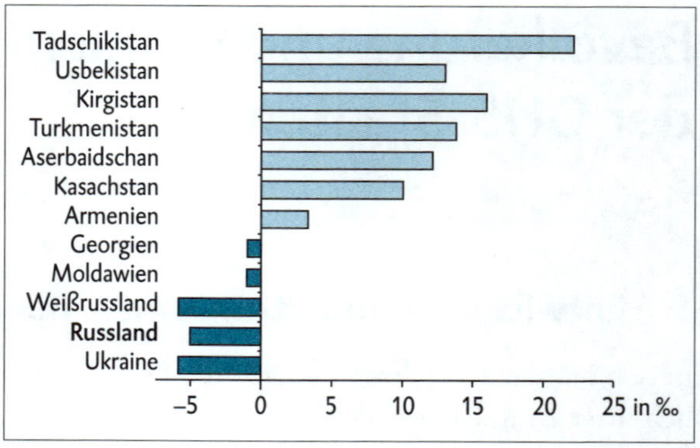


Die Entwicklung der Einwohnerzahlen in den GUS-Staaten weist große Unterschiede auf. Eine Gruppe von Staaten verzeichnet ein hohes **natürliches Bevölkerungswachstum**. Hierzu zählen Aserbaidschan, Kirgisistan, Usbekistan, Turkmenistan und besonders Tadschikistan. Diese Staaten erreichen Wachstumswerte zwischen 16 und 25 pro 1 000 Einwohner, also bis zu 25 ‰ Bevölkerungswachstum pro Jahr. Kasachstan erreicht etwa 7,5 ‰. Ein geringes Wachstum liegt in Armenien vor. Einen **natürlichen Bevölkerungsrückgang** verzeichnen hingegen Georgien, Weißrussland und die Ukraine.

In Russland reduziert sich die Bevölkerung gegenwärtig sogar um ca.5 ‰ im Jahr. Besonders drastisch zeigt sich dies in der Darstellung des Altersaufbaus der **russischen Bevölkerung** Anfang des 21. Jahrhunderts (vgl. Abb. auf der nächsten Seite). Neben den markanten Einschnitten, die der Zweite Weltkrieg mit sich brachte (zu sehen bei der Altersgruppe 55–59), fällt besonders auf, dass nach dem Ende der UdSSR die Zahl der Geburten auf die Hälfte des Wertes von 1989 zurückging. Als möglichen Grund für diesen „**demografischen Schock**" vermutet man, dass die Menschen in Anbetracht der gegenwärtigen unsicheren Lage lieber auf Kinder verzichten, um flexibel auf die neue Situation reagieren zu können. Ein ähnliches Phänomen war auch nach der deutschen Wiedervereinigung im Osten Deutschlands zu beobachten. Wenn das generative Verhalten der Bevölkerung so bleibt, dürfte sich der Bevölkerungsrückgang noch beschleunigen.

19 Quelle: CIA World Factbook; Der Fischer Weltalmanach, 2009/Frankfurt 2008

Russland und Tadschikistan: Altersstruktur der Bevölkerung 2000 – 2050

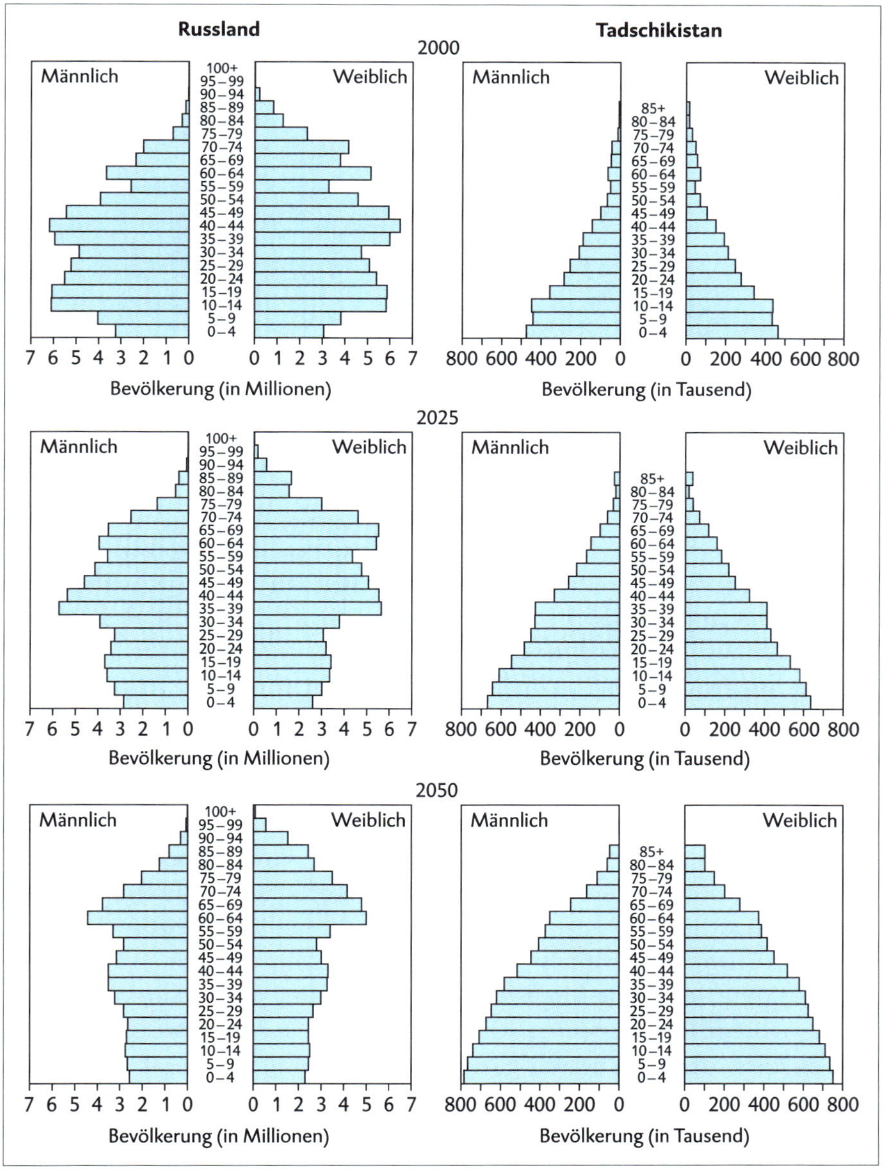

Projiziert man die gegenwärtigen natürlichen Bevölkerungstrends in die Zukunft, so ergeben sich für die einzelnen GUS-Staaten die folgenden Bevölkerungszahlen:

Bevölkerungsprognosen für die GUS-Staaten (in Mio.)[20]

| | 2025 | 2050 |
|---|---|---|
| Armenien | 3,0 | 2,5 |
| Aserbaidschan | 9,7 | 11,6 |
| Georgien | 4,0 | 8,4 |
| Kasachstan | 15,8 | 14,8 |
| Kirgisistan | 6,7 | 8,2 |
| Moldawien | 3,9 | 3,0 |
| Russland | 136,9 | 119,1 |
| Tadschikistan | 8,6 | 10,0 |
| Turkmenistan | 7,6 | 8,7 |
| Ukraine | 45,1 | 38,4 |
| Usbekistan | 36,9 | 48,5 |
| Weißrussland | 9,4 | 8,4 |

Die Zahlen deuten auf dramatische Veränderungen der Bevölkerungsgröße zwischen den einzelnen GUS-Staaten hin. Die meisten mittelasiatischen Nachfolgerepubliken der UdSSR sowie Aserbaidschan werden ein starkes Wachstum verzeichnen, während die Bevölkerungen in den europäischen GUS-Staaten schrumpfen werden, besonders ausgeprägt in Russland. Verbindet man diese Tendenzen mit ethnischen und religiösen Ausprägungen, so ergibt sich, dass die slawischen und christlichen Völker der GUS in der Zukunft in ihrer Anzahl zurückgehen, während die islamisch geprägten Turkvölker Mittelasiens deutlich wachsen. Eine Zwischenposition nimmt Kasachstan ein, dessen Bevölkerung sowohl russisch und christlich als auch turkisch-islamisch geprägt ist.

Als Folge dieser Entwicklung werden die **slawischen Republiken** innerhalb der GUS bezüglich der Bevölkerung **relativ an Bedeutung verlieren**. Dieses Problem wird dadurch verschärft, dass in den islamisch geprägten Republiken durch die hohe Kinderzahl die Bevölkerung durchschnittlich jünger bleibt, während in den anderen Staaten eine deutliche demografische Alterung eintritt. Dies hat möglicherweise Auswirkungen auf die Dynamik der jeweiligen Staaten, ihre Wirtschafts- und Bildungssituation. Auf längere Sicht könnte sich dadurch eine **Verschiebung der politischen Gewichte** innerhalb der GUS **zugunsten der mittelasiatischen Republiken** ergeben und der bisherige starke Einfluss Russlands zurückgedrängt werden.

20 Quelle: Population Reference Bureau, www.prb.org

## 1.2 Die Entwicklung der Bevölkerungsverteilung und der Bevölkerungsdichte

Die heutige Bevölkerungsverteilung in den GUS-Staaten ist ein Produkt des Zusammenwirkens raumwirksamer natürlicher Faktoren und historisch-ökonomischer Prozesse. Den **Schwerpunkt der slawischen Siedlungen** bildeten ursprünglich die sumpfigen Gebiete von **Polesje** im südlichen Weißrussland. Von dort breiteten sich die Slawen nach Süden und Südosten aus und erreichten die fruchtbaren Gebiete der Ukraine und der Wolgasteppe. Auch nach Nordwesten dehnten sie sich aus und etablierten sich im Bereich Nowgorod.

Sibirien wurde zunächst nur sporadisch von Abenteurern, Pelztierjägern und Kaufleuten besiedelt. Diese ließen sich in **Pioniersiedlungen** nieder, die sie teilweise gegen Angriffe der Urbevölkerung verteidigen mussten. Im frühen 18. Jahrhundert lebten nicht mehr als rund 400 000 Russen in Sibirien. Der Ural wurde als Folge der Verhüttung von Eisen seit Peter dem Großen siedlungsmäßig erschlossen.

Die Gründe für die Mitte des 19. Jahrhunderts einsetzende **Erschließung** des **südlichen Sibiriens** durch Russen und Ukrainer waren vielschichtig: Das ukrainische Schwarzerdegebiet erlebte allmählich eine Übervölkerung, sodass für die ländlichen Bewohner neue Siedlungsgebiete erforderlich wurden. Nach der Aufhebung der Leibeigenschaft 1861 wanderte ein Teil von ihnen in die sich entwickelnden Industriezentren St. Petersburg, Moskau und Donbas ab. Ein weiterer Teil versuchte, in den natürlichen Gunsträumen Südsibiriens bis zum Baikalsee eine neue Existenz als freie Bauern in der Landwirtschaft, im Kleingewerbe und im Handel aufzubauen. Der Bau der Transsibirischen Eisenbahn ab 1894 unterstützte diesen Vorgang erheblich. Während des 19. Jahrhunderts siedelten sich über 5 Mio. Menschen in Sibirien an, sodass vor dem Ersten Weltkrieg Sibirien zu fast **90 % aus slawischen Bewohnern** (besonders Russen und Ukrainern) bestand. Hinzu kamen noch vor dem Ersten Weltkrieg die fruchtbaren Gebiete Mittelasiens, besonders entlang der größeren Flusssysteme in diesen Regionen. Auch hier ließen sich Russen in größerer Zahl nieder. Allerdings stießen sie dabei auf alteingesessene Völker, denen sie teilweise als Kolonisten und Kolonialherren gegenübertraten.

Damit bildete sich bereits vor dem Ersten Weltkrieg die noch heute gültige Grundstruktur der räumlichen Besiedlung des GUS-Raumes heraus. Sie entspricht im Prinzip der Gestalt des **Atlantischen Keils**. Das Russische Reich, die Sowjetunion und auch deren Nachfolgestaaten waren und sind am **dichtesten** im Bereich der **Schwarzerdegebiete** der Ukraine und des **südlichen Russlands** besiedelt. Zieht man das bevorzugt bewohnte Gebiet etwas weiter, so ergibt sich wiederum ein Siedlungsdreieck, dessen Eckpunkte zwischen St. Petersburg im Norden sowie der Schwarzmeerküste im Süden liegen und dessen östlicher Eckpunkt zunächst bis zum Baikalsee, später bis Wladiwostok reichte. Hinzu kommen die dicht besiedelten Gebiete in der **Kaukasusregion** sowie die fruchtbaren Bereiche nördlich der **mittelasiatischen Gebirge** und entlang der dort entspringenden Flüsse.

Bis zum Ende der Sowjetunion hat sich der Bevölkerungsschwerpunkt etwas nach Osten verschoben. Lebten 1897 noch über 83 % der Einwohner des Reiches im europäischen Teil, so sank dieser Prozentsatz bis 1989 auf etwa 72 %. Sibirien, der Ferne Osten und die mittelasiatischen Republiken erhöhten ihre Bevölkerungsanteile deutlich.

Die Bevölkerungsdichte der Russischen Föderation

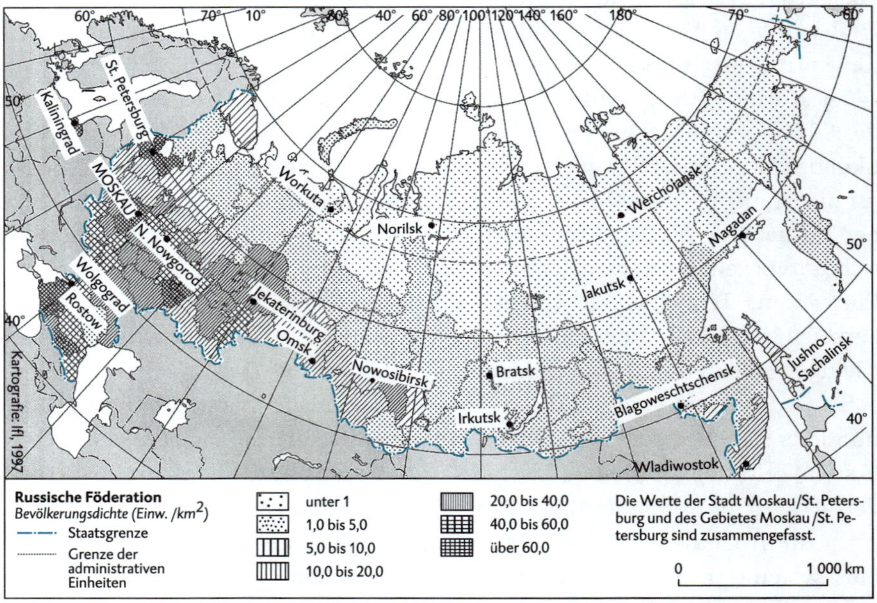


Mit der Auflösung der UdSSR setzten entgegengesetzte **Migrationsströme** ein. Diese betrafen insbesondere die **russische Bevölkerung**. Zogen über Jahrhunderte die Russen in neu zu erschließende und zu kolonisierende Gegenden, so kehrte sich dieser Prozess in den 80er- / 90er-Jahren des 20. Jahrhunderts um:

- Bereits seit der Liberalisierung der UdSSR unter Gorbatschow verlor der Norden Russlands an Attraktivität, sodass viele Russen die Ungunsträume Sibiriens verließen und in die zentralen Bereiche Russlands zurückkehrten.
- Nach dem Ende der Sowjetunion wurden Russen, die außerhalb Russlands in anderen GUS-Staaten lebten, zu Ausländern. Als Folge wanderten viele von ihnen ab und siedelten sich in Russland an.
- Der Zusammenbruch der UdSSR und des Warschauer Paktes bewirkte, dass Verbände der Roten Armee aufgelöst oder versetzt wurden. Die Folge waren massive Migrationsströme.

Russische Föderation: Hauptströme der Migration seit dem Zerfall der Sowjetunion

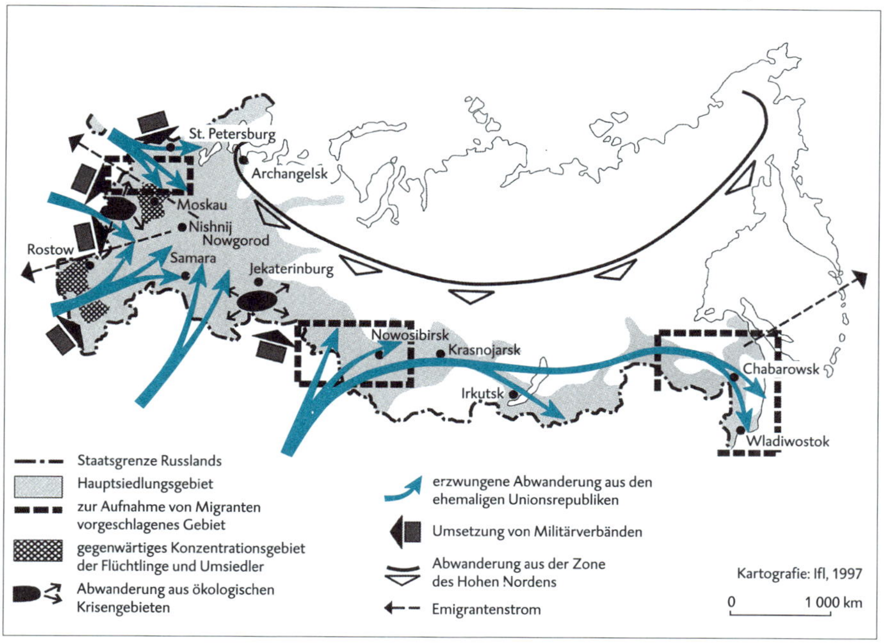


In der Summe ergibt sich, dass viele Hunderttausend Russen seit 1991 aus verschiedenen Gründen andere GUS- oder die ehemaligen Warschauer-Pakt-Staaten verließen und nach Russland übersiedelten. Dieser Bevölkerungstransfer verdeckt bis heute die Tatsache, dass Russland mittlerweile einen deutlichen natürlichen Bevölkerungsrückgang zu verzeichnen hat.

Bevölkerungsbewegung in Russland[21]

| | Bevölkerung zum Jahresanfang | Natürlicher Saldo | Wanderungssaldo | | Bevölkerung zum Jahresanfang | Natürlicher Saldo | Wanderungssaldo |
|---|---|---|---|---|---|---|---|
| | 1 000 Personen | | | | 1 000 Personen | | |
| 1985 | 142 822,6 | 745,4 | 267,2 | 1996 | 147 976,4 | –817,6 | 343,6 |
| 1987 | 145 114,9 | 964,4 | 264,0 | 1998 | 147 104,6 | –696,5 | 285,2 |
| 1989 | 147 400,5 | 580,0 | 82,9 | 1999 | 146 693,3 | –924,5 | 164,8 |
| 1990 | 148 040,7 | 338,0 | 164,0 | 2000 | 145 933,6 | –958,5 | 214 610 |
| 1991 | 148 542,7 | 110,0 | 51,6 | 2002 | 145 600,0* | –935,3 | 77 927 |
| 1992 | 148 704,3 | –207.0 | 176,1 | 2004 | 144 200,0* | –792,9 | 39 362 |
| 1993 | 148 673,4 | –737,7 | 430,1 | 2006 | 142 800,0* | - 687,1 | 132 319 |
| 1994 | 148 365,8 | –869,7 | 810,0 | 2007 | 142 200,0* | - 477,7 | 139 943 |

* ca.-Werte

# 2 Die Sozialstruktur der Bevölkerung

## 2.1 Die sozioökonomische Gliederung der Bevölkerung

Die sozioökonomische Gliederung der Bevölkerung hat sich in den letzten 100 Jahren aufgrund wirtschaftlicher und politischer Umwälzungen grundlegend verändert. Das Russische Reich war vor dem Ersten Weltkrieg noch eine feudal dominierte **Agrargesellschaft**: Ca. 75 % des Volkes gehörten bäuerlichen Schichten an, darunter in geringerer Zahl reiche Bauern (Kulaken), Bauern der mittleren Schicht und zwei Drittel kleine, verarmte Bauern und Landarbeiter.

**Industriearbeiter** gab es nur in den wenigen großen Zentren. Sie umfassten kaum 5 % des Volkes. Kleinere Angestellte und Handwerker, so genannte **Kleinbürger**, stellten etwa ein Siebtel der Bevölkerung; **Großbürger**, also wohlhabende Unternehmer, Kaufleute und Beamte, kaum 4 %. An der Spitze der sozialen Hierarchie im zaristischen Russland stand der **Adel**, bestehend aus Großgrundbesitzern, hohen Beamten und den Offizieren der Armee. Er umfasste weniger als 2 % des Volkes, bestimmte aber das politische und gesellschaftliche Leben des Reiches sowie zusammen mit den Kulaken den primären Wirtschaftssektor. Die Industrie und größere Gewerbe hingegen wurden zunehmend vom Bürgertum dominiert. Eine Sonderrolle im zaristischen Russland spielte die **Intelligenzija**, Intellektuelle aus verschiedenen sozialen Schichten, die häufig radikale politische Ansichten vertraten.

21 Quelle: Kreus, A. / v. d. Ruhren, N: USA, Kanada – Russland, Nachfolgestaaten der Sowjetunion. Fundamente Kursthemen. Klett-Perthes, Gotha 2002, S. 426; www.gks.ru

Die soziale Schichtung in Russland um 1913

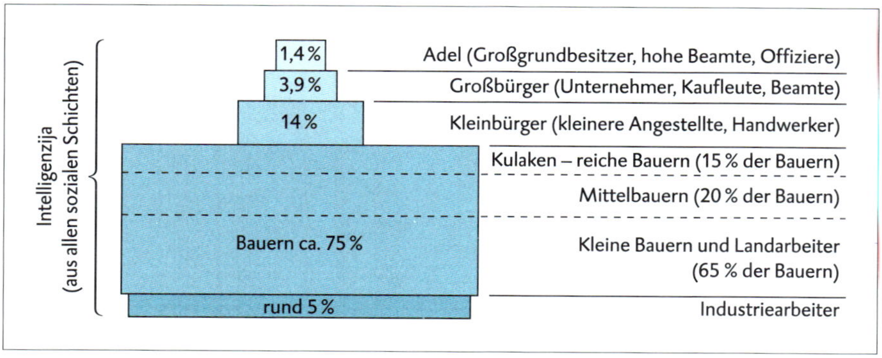


Mit der bolschewistischen Revolution von 1917 änderte sich die Sozialstruktur grundlegend. Hierbei spielte einmal die zunehmende **Industrialisierung** eine große Rolle. Entscheidend wurde jedoch die **radikale Umgestaltung der Gesellschaft**. Viele Adelige und Großbürger emigrierten, wurden in die neue **egalitäre Gesellschaft** integriert oder sogar eliminiert. Entsprechend der marxistisch-leninistischen Auffassung sollte es nur noch die beiden Gesellschaftsschichten Arbeiter und Bauern geben.

Unter **Arbeitern** verstand man in der Sowjetunion Arbeiter und Angestellte. Die zweite große Gesellschaftsschicht bestand aus den **bäuerlichen Beschäftigten** in Kolchosen und Sowchosen. Alle anderen Schichten verschwanden bzw. wurden ihrer Existenzgrundlage beraubt. Letzteres geschah insbesondere durch die Verstaatlichung privater Betriebe. Auf diese Weise wuchs die Gruppe der Arbeiter und Angestellten von ca. 17 % im Jahre 1913 auf ca. 50 % im Jahre 1939, um schließlich gegen Ende der UdSSR fast 88 % der Beschäftigten zu umfassen. Die Schicht der Bauern, die 1913 fast zwei Drittel des Volkes ausmachte, fiel schon 1939 auf unter 50 % und umfasste am Ende der Periode der UdSSR etwas mehr als 12 % der Bevölkerung.

In diesen Zahlen spiegeln sich die egalisierenden Bestrebungen der sowjetischen Gesellschaft wider. Auch die Einkommensunterschiede zwischen den führenden und unteren Positionen in der Gesellschaft waren vergleichsweise gering, sodass die Gesellschaftsstruktur am Ende der Sowjetzeit derjenigen westlicher Gesellschaften diametral entgegen stand.

Gruppierungen der sowjetischen Bevölkerung (einschließlich Familienangehörigen)[22]

| | 1913 | 1939 | 1971 | 1977 |
|---|---|---|---|---|
| Gesamtbevölkerung davon | 100,0 | 100,0 | 100,0 | 100,0 |
| Arbeiter und Angestellte | 17,0 | 50,2 | 80,0 | 84,3 |
| Kolchosbauern, genossenschaftlich organisierte Handwerker u. Gewerbetreibende | – | 47,2 | 20,0 | 15,7 |
| Einzelbauern (ohne Großbauern) und nicht genossenschaftlich organisierte Handwerker und Gewerbetreibende | 66,7 | 2,6 | 0,0 | 0,0 |
| „Ausbeutergruppen"* | 16,3 | – | – | – |

* Ausbeutergruppen: sowjetische Terminologie, gemeint sind Adelige, Großbürger und Kapitalisten

Die Periode nach dem Ende der UdSSR ist ebenfalls durch einen **radikalen Umbau der Gesellschaftsstruktur** gekennzeichnet. Diese nähert sich der Schichtung westlicher Gesellschaften an, wobei der **Transformationsprozess** in den einzelnen GUS-Staaten in Ausmaß und Geschwindigkeit unterschiedlich verläuft. Folgende neue Strukturen zeichnen sich jedoch ab:

- Die Egalisierungstendenzen der sowjetischen Gesellschaft werden zugunsten einer stärkeren Differenzierung aufgehoben. Diese führt zu **erhöhten Unterschieden in der Einkommensverteilung**.
- Allmählich bilden sich in vielen Wirtschafts- und Gesellschaftsbereichen **private Unternehmungen** (zunehmender Selbstständigenstatus).
- **Arbeiter** und **Angestellte** werden wieder als getrennte Gruppen registriert und wahrgenommen.
- Wegen der nachlassenden sozialen Fürsorge entsteht eine größere Gruppe von Personen, die aufgrund ihrer **Armut** den „sozialen Bodensatz" bildet.
- Die wirtschaftliche Entwicklung führt vermehrt zu **Arbeitslosigkeit**, die es in der Sowjetunion wegen der Garantie der Vollbeschäftigung nicht gab.

Innerhalb der GUS laufen diese Prozesse unterschiedlich ab. In Weißrussland und stark ländlich geprägten Gebieten Russlands und der Ukraine halten sich die überkommenen sowjetischen Strukturen länger als in den boomenden neuen Wirtschaftszentren. In den muslimisch orientierten Gesellschaften Mittelasiens entstehen Strukturen, in denen orientalische Aspekte eine Rolle spielen, beispielsweise dadurch, dass sich basarartige Märkte entwickeln.

22 Quelle: Zimm, A. / Markuse, G.: Geographie der Sowjetunion. VEB Hermann Haack, Geographisch-Kartographische Anstalt, Gotha / Leipzig 1980, S. 101

## 2.2 Die religiöse Struktur der Bevölkerung

Unter der sowjetischen Herrschaft wurde die Religion in der gesamten UdSSR zurückgedrängt. Seit der Auflösung der Sowjetunion gewinnen religiöse Überzeugungen zunehmend an Boden. Dies gilt besonders für die islamisch geprägten mittelasiatischen Staaten und Aserbaidschan. Die autoritären politischen Strukturen der betreffenden Staaten binden die islamischen Bewegungen bisher recht stark ein. Sollte sich jedoch ein aggressiver Nationalismus mit religiösem Fanatismus verbinden, wären neue Konfliktherde denkbar, deren ideologische Ausrichtung antirussisch sein könnte.

Andererseits erlebt die **orthodoxe Kirche** in Russland eine Renaissance. Selbst die durch den Kommunismus geprägten russischen Staatschefs Jelzin und Putin näherten sich der Kirche an, ließen neue Gotteshäuser errichten und bedienten sich der Kirche, um den Staat gegenüber dem Volk zu repräsentieren. Im Westen der Ukraine kommen neben der orthodoxen Kirche weitere Glaubensrichtungen hinzu, sodass dort eine große religiöse Vielfalt herrscht. Dabei besteht die Gefahr **religiös-ethnischer Konflikte**, z. B. in der zu Russland gehörenden nördlichen Kaukasusregion. Hier sind vor allem die kriegerischen Konflikte in **Tschetschenien** seit Auflösung der UdSSR zu nennen.

Die GUS-Bevölkerung lässt sich folgenden religiösen Hauptgruppen zuordnen:

- Die größte Gruppe ist dem **Christentum**, besonders in seiner orthodoxen Prägung, angehörig. Die Menschen dieser Glaubensrichtung leben hauptsächlich in Russland und den europäischen GUS-Staaten.
- Die zweite große Gruppe bekennt sich zum **Islam** und konzentriert sich in den mittelasiatischen Staaten und im Bereich des Kaspischen Meeres.
- Eine weitere Gruppe kann als **atheistisch** bezeichnet werden; sie gehört keiner der großen Glaubensgemeinschaften an.
- In den abgelegenen Gebieten der klimatischen Ungunsträume leben noch Menschen, die sich zu **Naturreligionen** bekennen.
- Innerhalb der Großgruppen existieren teilweise bedeutsame Untergruppierungen. Hinzu kommen weitere davon **unabhängige Religionsgemeinschaften**.

Nachfolgend einige Beispiele für die religiöse Prägung ausgewählter Staaten:[23]

- **Russland:** Im Jahr 2007 ca. 75 Mio. orthodoxe Christen, über 19 bis 22 Mio. Muslime, etwa 230 000 Juden, über 800 000 Katholiken; Minderheiten von Protestanten und Buddhisten sowie Sekten. Im Nordosten des Landes gibt es außerdem einige wenige Völker mit starker Beziehung zu Naturreligionen. Somit bleiben ca. 50 Mio. Menschen, die sich als Konfessionslose zu keiner Religion bekennen. Hierin zeigt sich die Auswirkung der über 70-jährigen kommunistisch-antireligiösen Beeinflussung. Allerdings hatten in den letzten Jahren, wie bereits erwähnt, sowohl orthodoxe als auch muslimische Glaubensgemeinschaften großen Zulauf, sodass verstärkt Kirchen und Moscheen gebaut werden.
- **Ukraine:** Im Jahr 2005 mehrere Mio. orthodoxe Christen, unterteilt in drei unterschiedliche Richtungen, über 4,7 Mio. Katholiken (römisch-katholisch und uniert), 2 Mio. Muslime (vor allem Krimtataren), Minderheit von Juden; daneben kleinere christliche und andere religiöse Gemeinschaften sowie ein hoher Anteil von Atheisten, jedoch mit stark abnehmender Tendenz.
- **Weißrussland:** Im Jahr 2008 60 % russisch-orthodox, 8 % römisch-katholisch; weitere Minderheiten und eine große Gruppe von Atheisten.
- **Moldawien:** Zumeist russisch-orthodox, auch Katholiken und Atheisten.
- **Georgien:** Überwiegend georgisch-orthodox; andere christliche Gemeinschaften, zahlreiche Minderheiten und Atheisten.
- **Armenien:** Zumeist armenisch-apostolisch; daneben russisch-orthodox, protestantisch; auch Atheisten.
- **Kasachstan:** Von den religiös gebundenen Menschen bekennen sich etwa jeweils 50 % zum russisch-orthodoxen Christentum und zum sunnitischen Islam; daneben weitere christliche Gemeinschaften und eine große Gruppe von Atheisten.
- **Aserbaidschan und mittelasiatische GUS-Staaten:** 75–90 % Muslime, überwiegend Sunniten; daneben Russisch-Orthodoxe und andere Minderheiten; mittlerweile stark abnehmender Anteil an Atheisten.

23 Quelle: Der Fischer Weltalmanach 2010. © Fischer Taschenbuch Verlag GmbH, Frankfurt/Main 2009

## 3 Die ethnische Struktur der Bevölkerung

Die ethnische Zugehörigkeit der GUS-Bevölkerung zeigt folgendes Muster:

- Slawische Völker (Russen, Ukrainer, Weißrussen), sie bilden die große Mehrheit der GUS-Bewohner
- Turkvölker (Kasachen, Usbeken, Turkmenen, Aserbaidschaner, Tataren, Kirgisen, Baschkiren, Jakuten, Altaier, Gagausen, Ewenken und andere kleinere Völker)
- Iranische Völker (Tadschiken, Osseten)
- Deutsche
- Juden
- Romanische Völker (Moldawier)
- Armenier
- Kaukasische Völker (Georgier, Tscherkessen, Awaren, Abchasen, Tschetschenen)
- Uralische Völker (Karelier, Komi, Permjaken, Lappen, Chanty, Nenzen und andere kleinere Völker)

Neben den genannten existieren weitere kleinere Völker und Volksgruppen. Im Gebiet der GUS-Staaten zählt man über 100 solcher Ethnien, wobei manche Gruppierungen zahlenmäßig sehr klein sind und nur wenige Tausend Menschen umfassen. Bei den **slawischen Völkern** stellen die **Russen**, zuweilen auch Großrussen genannt, mit über 110 Mio. Menschen die größte Ethnie, gefolgt von den **Ukrainern**, zuweilen auch Kleinrussen genannt.

Der ethnischen Vielfalt entspricht eine grundsätzlich ähnliche **sprachliche Vielfalt**. Im Alltag des Russischen Reiches und der UdSSR dominierte das Russische als Verständigungssprache. Dies lag an der bevölkerungsmäßigen Überzahl der Großrussen und der Tatsache, dass sie, historisch gesehen, fast überall als Eroberer auftraten und somit oft die führenden Positionen in den jeweiligen Regionen besetzten. Die Eroberten passten sich der veränderten Situation an und lernten die neue Sprache.

Nach Auflösung der UdSSR erlebten die Sprachen der einzelnen Ethnien eine starke Renaissance. Das **Russische** wurde weniger wichtig, kann sich jedoch nach wie vor als die bedeutendste Verständigungssprache im Rahmen der GUS behaupten. Dies zeigt sich beispielsweise bei GUS-Konferenzen, bei denen grundsätzlich russisch gesprochen wird. Innerhalb der neuen unabhängigen Staaten sind häufig **Konflikte** um die Benutzung des Russischen entstanden. Dies gilt insbesondere dann, wenn ein GUS-Staat eine starke russische Minderheit aufweist, wie beispielsweise in der Ukraine oder in Kasachstan. Im Falle Weißrusslands ist die eigene nationale Identität so wenig ausgeprägt, dass das Russische weiterhin eine führende Rolle spielt.

Die Darstellung auf der Umschlaginnenkarte gibt einen Einblick in die **ethnische Zusammensetzung der einzelnen GUS-Staaten** gegen Ende der 1990er-Jahre. Aus den Diagrammen ergibt sich, dass in den meisten GUS-Staaten ein Volk, die sogenannte **Titularnation**, dominiert und dass häufig weitere beträchtliche Teile anderer Ethnien hinzukommen. Außerhalb Russlands finden sich Russen in allen ehemaligen Sowjetrepubliken, mit hohen Anteilen in Kasachstan, Kirgisistan und der Ukraine. In Kasachstan stellen sie fast einen ähnlich hohen Anteil an der Gesamtbevölkerung wie die Titularnation der Kasachen. In diesem mittelasiatischen Staat gibt es seit den 40er-Jahren des 20. Jahrhunderts auch einen Anteil an Deutschen. Diese wurden unter Stalin aus Südrussland dorthin vertrieben, weil sie der Zusammenarbeit mit dem nationalsozialistischen Regime verdächtigt wurden.

**Russland** selbst ist trotz der Auflösung der Sowjetunion immer noch ein **Vielvölkerstaat**, in dem zwar die Russen über 80 % der Gesamtbevölkerung stellen, sich die restlichen 20 % jedoch auf sehr viele Ethnien verteilen.

Die Nationalitätenstruktur der russischen Bevölkerung seit 1989[24]

<table>
<tr><th>Nationalität</th><th>1989</th><th>1994</th><th>2002</th><th>1989</th><th>1994</th><th>2002</th></tr>
<tr><td></td><td colspan="2">in absoluten Zahlen</td><td></td><td colspan="3">in %</td></tr>
<tr><td>Russen</td><td>119 865 946</td><td>122 763 512</td><td>k.A.</td><td>81,53</td><td>82,95</td><td>79,82</td></tr>
<tr><td>Tataren</td><td>5 522 096</td><td>5 583 927</td><td>k.A.</td><td>3,76</td><td>3,77</td><td>3,83</td></tr>
<tr><td>Ukrainer</td><td>4 362 872</td><td>3 470 530</td><td>k.A.</td><td>2,97</td><td>2,35</td><td>2,03</td></tr>
<tr><td>Tschuwaschen</td><td>1 773 645</td><td>1 734 525</td><td>k.A.</td><td>1,21</td><td>1,17</td><td>1,13</td></tr>
<tr><td>Baschkiren</td><td>1 345 273</td><td>1 385 252</td><td>k.A.</td><td>0,92</td><td>0,94</td><td>1,15</td></tr>
<tr><td>Weißrussen</td><td>1 206 222</td><td>979 740</td><td>k.A.</td><td>0,82</td><td>0,66</td><td>0,56</td></tr>
<tr><td>Mordwinen</td><td>1 072 939</td><td>941 261</td><td>k.A.</td><td>0,73</td><td>0,64</td><td>0,58</td></tr>
<tr><td>Deutsche</td><td>842 295</td><td>793 264</td><td>k.A.</td><td>0,57</td><td>0,54</td><td>0,41</td></tr>
<tr><td>Armenier</td><td>532 390</td><td>717 785</td><td>k.A.</td><td>0,36</td><td>0,49</td><td rowspan="4">8,77</td></tr>
<tr><td>Kasachen</td><td>635 865</td><td>572 748</td><td>k.A.</td><td>0,43</td><td>0,39</td></tr>
<tr><td>Juden</td><td>536 848</td><td>396 632</td><td>k.A.</td><td>0,37</td><td>0,27</td></tr>
<tr><td>Andere</td><td>9 325 478</td><td>8 657 825</td><td>k.A.</td><td>6,34</td><td>5,85</td></tr>
<tr><td>Gesamt</td><td>147 021 869</td><td>147 997 000</td><td>145 924 900</td><td>100,00</td><td>100,00</td><td>100,00</td></tr>
</table>

24 Quelle: Höhmann, H.-H. / Schröder, H.-H.: Russland unter neuer Führung. Politik, Wirtschaft und Gesellschaft am Beginn des 21. Jahrhunderts. Bundeszentrale für politische Bildung, Bonn 2001, S. 330; Fischer Weltalmanach 2009

Somit bleibt es in allen Nachfolgestaaten der UdSSR schwierig, nationalstaatliche Systeme aufzubauen, weil damit die Gefahr besteht, dass ethnischen Minderheiten die Gleichberechtigung und -behandlung entzogen wird. Dies gilt beispielsweise für die Ausübung der Sprache, für die Entfaltung in der Kultur und im Bildungssystem, in der Wirtschaft und der Politik. Gerade in Phasen der Konsolidierung neuer Nationen, wie derzeit in vielen GUS-Staaten, besteht die Tendenz, die Belange der Titularnation über die anderer Nationen zu stellen, sodass es zu Spannungen kommen kann.

## 4 Der soziale Wandel

Die Auflösung der Sowjetunion und der Rückzug des Staates aus vielen Bereichen brachten für die Bevölkerung der betroffenen Staaten einen **beschleunigten sozialen Wandel** mit sich. Die zunehmende **Verarmung** der Bevölkerung lässt sich auf verschiedene Faktoren zurückführen: Als Folge der Schließung unrentabler Betriebe setzte erstmals eine nennenswerte **Arbeitslosigkeit** ein, die mittlerweile nach amtlichen Angaben zwischen 5 und 10 % liegt. Für diese Gruppe der Bevölkerung existiert jedoch nur eine minimale staatliche Unterstützung. Die Preise für Lebensmittel, Kleidung und andere Konsumartikel sind nach 1991 als Folge der Einführung der Marktwirtschaft teilweise sehr stark gestiegen, ohne dass die Einkommen dem entsprachen. Häufig konnten sogar Löhne und Gehälter vom Staat oder staatsnahen Betrieben über Monate nicht gezahlt werden. Die **Renten** für die ältere Bevölkerung sind **sehr niedrig** geblieben, sodass sie im Gegensatz zur Sowjetzeit nicht mehr zum Lebensunterhalt reichen (die durchschnittliche Monatsrente liegt verbreitet immer noch unter 30 Euro). Auch die Einkünfte aus **Arbeitseinkommen** waren nach 1990 **sehr niedrig**. 100–200 Euro Monatseinkommen wurden meist nicht überschritten. Ab dem neuen Jahrtausend stiegen die Durchschnittslöhne jedoch deutlich an und erreichten 2008 ca. 600 Euro im Monat. Die Wirtschaftskrise seit Ende 2008 verursachte jedoch eine deutliche Reduktion der Einkommen. Polnische oder tschechische Arbeitnehmer verdienen mittlerweile oft schon ein Vielfaches der russischen Löhne.

Andererseits ist die Zahl derjenigen, die den sozialen Aufstieg schafften, relativ gering. Neben den **Oligarchen** hat sich bisher nur eine **kleine Mittelschicht** ausgebildet. Mittlerweile sehen sich die meisten Menschen im gesellschaftlichen Aufbau relativ weit unten.

Anteil der Armen an der Bevölkerung und entsprechendes Einkommensdefzit

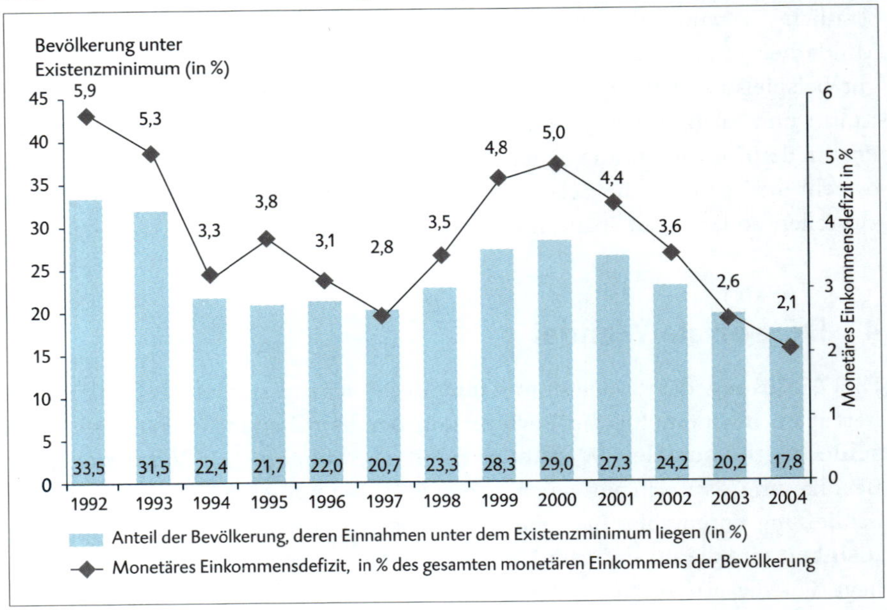


Die Verarmung breiter Schichten der Bevölkerung hat zu bestimmten **Überlebensstrategien** geführt. Diese lassen sich wie folgt charakterisieren:

- **Datschenwirtschaft**: Eine Datscha ist ein Wochenend- oder Sommerhaus mit einem dazugehörigen Gartengrundstück, meist am Rande von Städten gelegen. Der Garten dient dazu, Kartoffeln und Gemüse anzubauen sowie Kleinvieh zu halten. Über ein Drittel der russischen Haushalte versorgt sich auf diese Weise selbst mit Nahrungsmitteln. Mitte der 90er-Jahre des 20. Jahrhunderts sollen ca. 50 % der gesamten Nahrungsmittel auf diese Weise produziert worden sein.
- **Mehrfachbeschäftigung**: Neben der Hauptarbeitsstelle versuchen immer mehr Bürger, durch eine Tätigkeit in der Schattenwirtschaft ihr Einkommen zu verbessern. Oft treten Zweit- oder Drittbeschäftigungen in unterschiedlichsten Formen auf, beispielsweise als Taxifahrer oder Händler.
- **Absicherung durch Familien**: Hierzu zählt die gegenseitige Unterstützung, wenn einzelne Personen nicht mehr in der Lage sind, sich selbst zu versorgen, oder die Renten nicht zum Lebensunterhalt reichen.

Der Rückzug des Staates aus vielen Bereichen und die Verarmung breiter Schichten haben dazu geführt, dass **Kriminalität** und **Korruption** deutlich zugenommen haben. Organisierte Banden „besorgen" sich durch Diebstähle und andere Verbrechen die Produkte, die sich der normale Bürger oftmals nicht mehr leisten kann.

Speisung von Armen und Bedürftigen

Die **Konsolidierung** der Wirtschaft der GUS-Staaten und das seitdem anhaltende **Wirtschaftswachstum** ab Ende der 90er-Jahre können dazu führen, dass die genannten sozialen Probleme zurückgehen. Hierbei muss allerdings darauf geachtet werden, dass der Profit aus dem Wirtschaftswachstum nicht überwiegend den Oligarchen oder dem Staat zufließt. Eine Ausweitung der „sozialen Schere" zwischen Arm und Reich wäre dann die Folge.

## Zusammenfassung

- Während der Zeit des Russischen Reiches und der Sowjetunion nahm die Zahl der Bevölkerung auf dem Gebiet der jetzigen GUS-Staaten auf über 280 Mio. zu. Seit der Auflösung der UdSSR stagniert sie jedoch. Regional differenziert **nimmt** die Bevölkerung in den **europäischen GUS-Staaten** ohne Zuwanderung **ab**, während die **mittelasiatischen und kaukasischen Staaten** deutliche **natürliche Zuwächse** verzeichnen können. Dies führt bei den zuletzt genannten Staaten zu einer sehr jungen und bei den zuerst genannten zu einer immer älter werdenden Bevölkerung. Der Bevölkerungsrückgang in Russland wird gegenwärtig noch durch **Migrationsströme** aus einigen GUS-Staaten überdeckt.

- Die **größte Bevölkerungsdichte** findet sich im Gebiet des **Atlantischen Keils**, im **Kaukasus** und in den **fruchtbaren Teilen Mittelasiens**. Die natürlichen Ungunsträume sind dünn besiedelt. Seit Auflösung der UdSSR verlassen viele Menschen insbesondere Nord- und Ostsibirien sowie den Fernen Osten und kehren in die Kernbereiche Russlands zurück.
- Die GUS-Staaten weisen eine **vielfältige religiöse und ethnische Struktur** auf. Grob gesagt ist der slawische Teil der GUS christlich-orthodox und der mittelasiatische Teil islamisch geprägt. Hinzu kommt, dass aufgrund des langen sowjetischen Einflusses viele Menschen weiterhin atheistisch eingestellt sind.
- Russland vereinigt auf seinem Territorium mehr als 100 verschiedene **Ethnien**, wobei die Russen ca. 80 % der Einwohner stellen. Letztere sind auch in den meisten anderen GUS-Staaten sesshaft. Die jeweiligen Titularnationen betragen oft ca. 60–80 % der Einwohnerschaft. Zumeist kommen zwei bis drei weitere Ethnien hinzu. Aufgrund dieser Zusammensetzung der Bevölkerungen kann es zu sprachlichen, wirtschaftlichen und politischen Problemen kommen. Diese werden mitunter durch unterschiedliche religiöse Bekenntnisse zwischen den Titularnationen und den Minderheiten verschärft.
- Die Veränderungen nach Auflösung der UdSSR haben die jeweiligen **Gesellschaften stärker differenziert**. Die vorher gegebene relative Gleichheit löste sich auf. Neuerdings gibt es wenige Reiche, während viele Bürger ärmer wurden. Dies hängt mit der nachlassenden Fürsorge des Staates, ausbleibenden Löhnen, steigenden Preisen und stagnierenden Renten zusammen. Die Bürger begegnen dieser Situation mit verschiedenen Überlebensstrategien (Datschenwirtschaft, Mehrfachbeschäftigung, Absicherung durch die Familien). Als Folge der zunehmenden Verarmung der Bevölkerung nehmen **Kriminalität** und **Korruption** zu.

# Siedlungsstruktur der GUS-Staaten

## 1 Dörfliche Siedlungen

Die naturräumliche und ethnische Vielfalt der GUS-Staaten spiegelt sich auch in ihren dörflichen Siedlungen wider. In den **slawischen Gebieten** bestimmt die **Reihensiedlung** das Grundmuster der Dörfer. Haufendörfer mit unregelmäßigem Grundriss gibt es kaum. Die Häuser stehen entlang einer Straße, eines Flusses, eines Höhenzuges oder sie finden sich aufgereiht in einer Tallage. In größeren Dörfern, die sich vor allem in den südlicheren Landesteilen finden, treten parallele Häuserreihen auf, die durch senkrecht dazu verlaufende Wege miteinander verbunden sind. Mitunter können solche Straßen- oder Reihendörfer mehrere Kilometer lang sein.

Die auf etwa gleich großen Grundstücken stehenden **Häuser** sind sich in ihrem äußeren Erscheinungsbild sehr ähnlich. Sie sind meist **einstöckig** und nicht unterkellert. Dächer, Fenster und Veranden sind oft reich verziert. Das dominierende Baumaterial ist **Holz**, bisweilen farbenfroh gestrichen, wobei nach dem Zweiten Weltkrieg zunehmend auch Fertigbauteile benutzt wurden.

Typisches Reihendorf in Weißrussland

Neben dem Wohnhaus findet sich ein **Wirtschaftsgebäude**, in dem Kleinvieh sowie Ackergeräte untergebracht sind. Die Hoffläche besteht zumeist aus Erde oder einer Schüttung. Diese Flächen weichen im Frühjahr und Herbst vielfach auf. Auf dem Grundstück wurden früher Badehäuser (russ.: banja) für die wöchentliche gründliche Körperreinigung errichtet. Die Grundstücke sind oft einheitlich mit senkrecht befestigten Holzlatten (Staketen) eingezäunt.

In den meisten Dörfern gibt es nur eine **dürftige infrastrukturelle Ausstattung**. Liegt ein Dorf an einer Hauptverkehrsstraße, so ist diese in der Regel asphaltiert. Nebenstraßen und -wege sind dagegen kaum befestigt und verfügen oft über keine Schüttung. Fußwege existieren selten, die Beleuchtung ist unzureichend. Meist gibt es keine zentrale Wasserversorgung bzw. Abwasserentsorgung. Auf den Grundstücken finden sich daher eigene Brunnen und Abwassergruben. Hinter den Häusern liegen die privaten Gärten, die vor allem für den Kartoffel- und Gemüseanbau genutzt werden.

Der russische Dorftyp findet sich auch außerhalb Russlands in Gebieten, in denen sich russische Kolonisten seit dem 18./19. Jahrhundert niedergelassen haben. In Weißrussland und der Ukraine sehen die Dörfer ähnlich aus.

In den **mittelasiatischen GUS-Staaten** dominiert dagegen der **orientalische Dorftyp**. Die Dörfer in diesen Bereichen sind verwinkelt und haben sackgassenförmige Straßen. Um einen Hof herum liegen meist in einem geschlossenen Viereck die Wohn- und Wirtschaftsgebäude, die früher aus Lehm waren und heute in der Regel aus Fertigbauelementen bestehen.

Innenhof in einem orientalischen Dorf Mittelasiens

Nach außen, zum Dorf hin, gibt es kaum Fenster, denn das Leben dieses Mikrokosmos ist nach innen, zum Hof hin, gerichtet. Die Straßen und Wege sind wenig befestigt und in den trockenen Gebieten sandig. Die Infrastruktur ist der russischer Dörfer sehr ähnlich.

Die **sozialistische Periode** der UdSSR hat manche Dörfer dadurch verändert, dass den Dörfern **Kolchos-** bzw. **Sowchossiedlungen** hinzugefügt wurden. In diesen neuen Dorfteilen finden sich mehrgeschossige Häuser, ein Einkaufszentrum und Verwaltungs-, Sanitär- und Freizeiteinrichtungen. In einem abgetrennten Bereich liegen die verschiedenen Wirtschaftsgebäude des landwirtschaftlichen Betriebes. Die Infrastruktur ist somit erheblich moderner als in den „alten“ Dörfern, jedoch vielfach ungepflegt und sanierungsbedürftig.

Grundriss eines Dorfes mit Sowchossiedlung

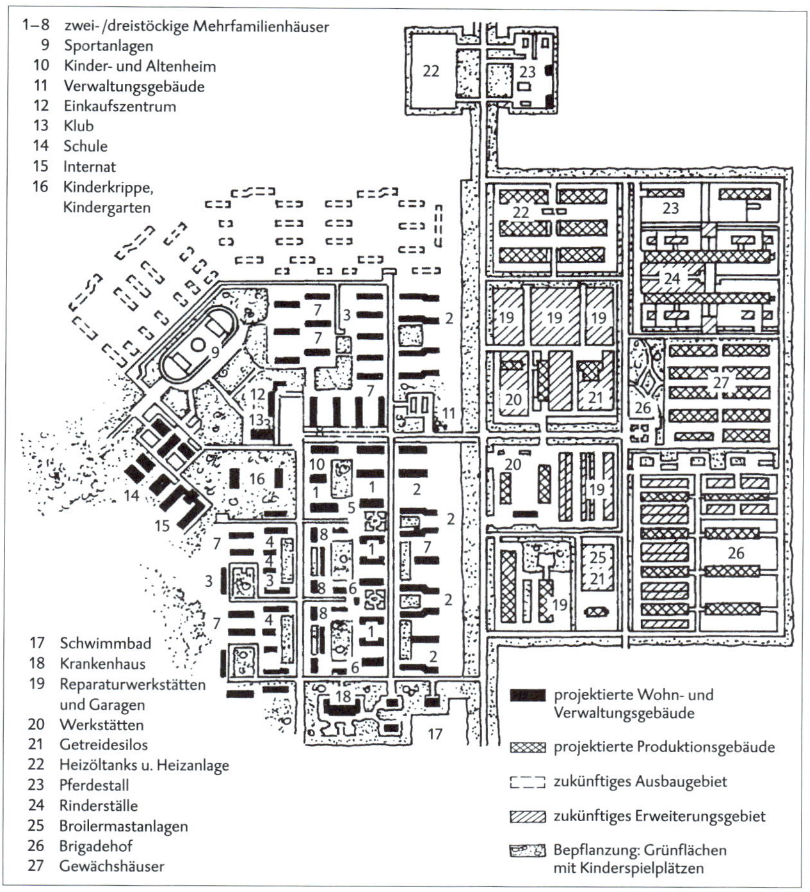

Die **postsowjetische Zeit** hat die Dörfer bisher wenig im Sinne einer durchgreifenden Modernisierung bzw. Renovierung verändert, da hierzu meist das nötige Kapital fehlt. Viele Bewohner ziehen in die Städte, sodass viele dörfliche Siedlungen verfallen.

In den letzten 100 Jahren fand in den heutigen GUS-Staaten ein starker Prozess der **Verstädterung** statt. 1913 lebten landesweit noch 82 % der Menschen auf dem Land und erst 18 % in Städten unterschiedlicher Größe. Als Folge der Industrialisierung zogen seit den 20er-Jahren des 20. Jahrhunderts die Menschen verstärkt in Städte. 1950 lebten fast 40 % der Einwohner der UdSSR in städtischen Siedlungen. Seit den 80er-Jahren flachte dieser Vorgang allmählich ab, sodass am Ende der Periode der UdSSR und auch jetzt noch ca. zwei Drittel aller Einwohner der GUS-Staaten in Städten wohnen. Diese Aussage ist jedoch regional zu differenzieren, wie die nachfolgende Aufstellung zeigt:

Städtische Bevölkerung der GUS-Staaten (in % der Gesamtbevölkerung, 2006)[25]

| | | | | | |
|---|---|---|---|---|---|
| Russland | 73 | Aserbaidschan | 52 | Usbekistan | 37 |
| Armenien | 64 | Kasachstan | 58 | Kirgisistan | 36 |
| Weißrussland | 73 | Moldawien | 47 | Georgien | 52 |
| Ukraine | 68 | Turkmenistan | 47 | Tadschikistan | 25 |

An den Zahlen zeigt sich der unterschiedliche sozioökonomische Entwicklungsstand der einzelnen Staaten. Generell fällt auf, dass die **mittelasiatischen GUS-Staaten wesentlich weniger verstädtert** sind als die übrigen GUS-Republiken. Auch innerhalb Russlands als der weitaus größten GUS-Republik zeigen sich noch Unterschiede. Innerhalb des europäischen Teils Russlands ist der Verstädterungsgrad höher als in anderen Landesteilen.

25 Quelle: Der Fischer Weltalmanach 2009. © Fischer Taschenbuch Verlag GmbH

## Bevölkerungsverteilung nach Stadtgrößengruppen in den Großwirtschafts-regionen der Russischen Föderation

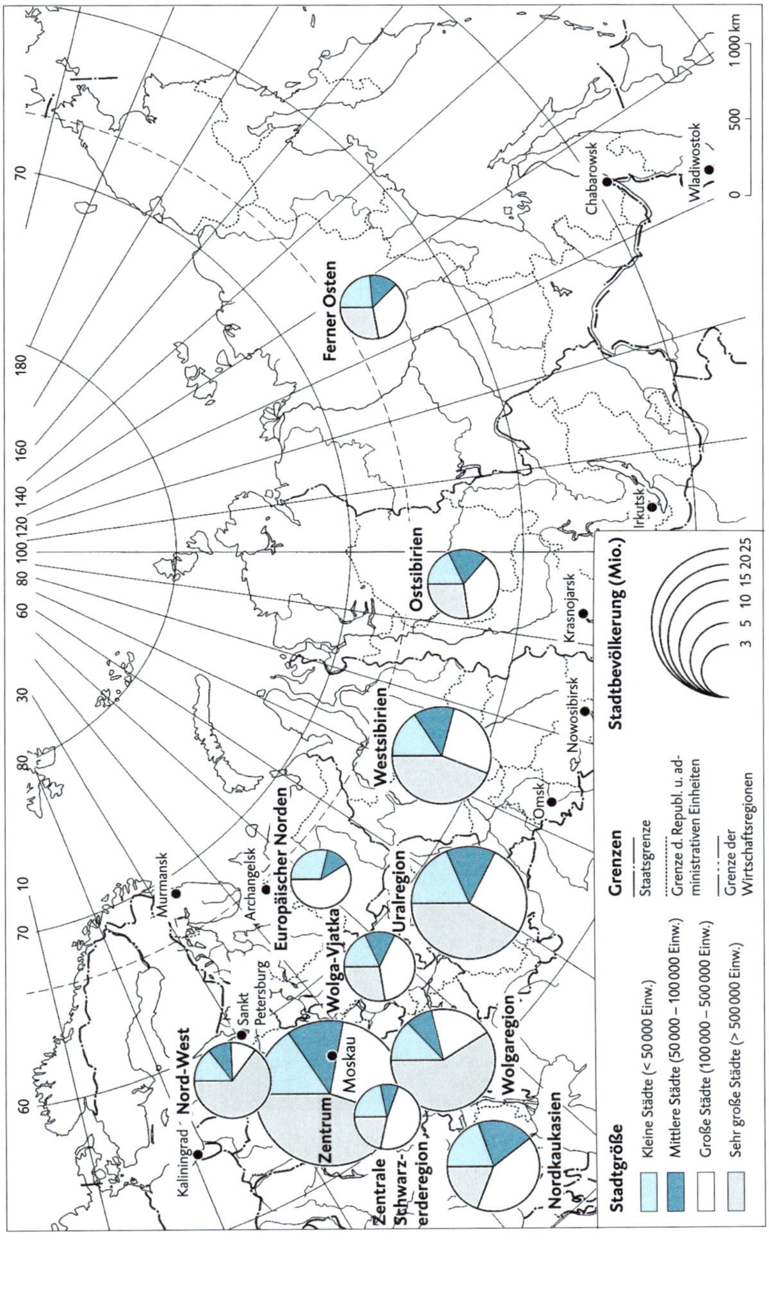

# 2 Städtische Siedlungen: Gründungsetappen und Stadttypen

## Frühzeit

In den **Oasenkulturen** Mittelasiens entstanden vor über 4 000 Jahren erste Städte. Beispielsweise reicht die Geschichte Samarkands bis in diese Zeit zurück. In den Jahrhunderten vor Christi Geburt wurden auch an der Schwarzmeerküste und auf der Halbinsel Krim von griechischen Kolonisten **Handelsstädte** gegründet, wobei die meisten von ihnen heute nicht mehr existieren. Älteste Stadtgründungen in Transkaukasien erfolgten vom antiken Persien aus.

## Mittelalter

In der frühen slawischen Zeit (vor 1000) gab es kaum Städtegründungen. Erst unter dem Einfluss des Deutschen Ritterordens, der Hanse sowie später des polnisch-litauischen Reiches entstanden ab dem **hohen Mittelalter** zahlreiche Städte im westlichen Teil Russlands, Weißrusslands und der Ukraine. Das deutsche Städte- und Bürgerrecht bildete dabei vielfach die rechtliche Grundlage. Auf diese Weise erhielten viele russische Dörfer, die mit Pfählen umgeben waren und aus Holzhäusern bestanden, Stadtrechte. Häufig siedelten sich dann deutsche Kaufleute dort an.

Irkutsk: Holzblockhäuser aus der Frühzeit der Stadt

In dieser frühen Phase bildeten die **Verteidigungs-, Verwaltungs- und Handelsfunktionen** der Städte eine enge Verbindung. Hinzu kam die Rolle der Kirche. Auf diese Weise entstanden in den frühen russischen Städten häufig zwei mit Mauern und Wällen umgebene Stadtbezirke: der Verwaltungsbezirk des **gorod** (dt.: Burg) mit Kirchen, Klöstern und dem **Kreml**, dem engeren Festungsbereich, sowie die Händler- und Handwerkersiedlung **posad**. Berühmte Kremlanlagen befinden sich – neben dem Moskauer Kreml – in Nowgorod, Kasan, Tobolsk und Rostow am Don.

Die Städtegründungen erfolgten vielfach an verkehrsgünstigen Punkten, z. B. an Furten, günstigen Hafenstellen, Kreuzungen von Handelswegen, strategisch wichtigen Orten. Zu den auf diese Weise entstandenen ersten russischen Städten aus dem 10. Jahrhundert gehören Kiew, Nowgorod und Smolensk. Zwischen dem 12. und 15. Jahrhundert wurden viele Städte im europäischen Russland gegründet, manche unter dem Schutz der tatarischen Oberherrschaft.

## Neuzeit

Die Moskauer Fürsten und Zaren ließen ab dem 16. und 17. Jahrhundert in den eroberten Gebieten im Süden und Osten **Pioniersiedlungen** errichten, die sie später zu Städten erhoben. Tobolsk und Tjumen wurden so noch im 16. Jahrhundert die ersten russischen Städte in Sibirien. Im 18. Jahrhundert erfolgten weitere Gründungen in sich gewerblich entwickelnden Bereichen an der oberen Wolga und im Ural. Aus ihnen wurden später, wie auch im 19. Jahrhundert im Donbas, **Industriestädte**.

In den dem Russischen Reich im 18. und 19. Jahrhundert angegliederten Gebieten entwickelten sich einerseits **Marktstädte** und **strategische Siedlungen**. Andererseits wurden die bestehenden Städte, z. B. in Transkaukasien und in Mittelasien, um neue **planmäßig angelegte Viertel** erweitert, in denen überwiegend russische Einwohner lebten.

## Sowjetherrschaft

In sowjetischer Zeit kamen weitere Städte hinzu, denen die **städtebaulichen Ideale des Sowjetkommunismus** (Planmäßigkeit, Großflächigkeit und Einförmigkeit) zugrunde lagen. Sie entstanden unter Stalin häufig im Bereich sich entwickelnder Industriezentren westlich des Ural und in Sibirien. Bestehende Städte wurden als Folge der Industrialisierung entsprechend den genannten Prinzipien ausgedehnt. So zählte beispielsweise Norilsk, die nördlichste Großstadt der Welt, über 130 000 Einwohner. In Murmansk lebten über 300 000, in Magdan fast 90 000 und in Workuta über 60 000 Menschen.

## Postsowjetische Phase

Trotz des Entstehens von Städten in extremen Ungunsträumen blieb der **Schwerpunkt** der städtischen Siedlungstätigkeit in den von Natur aus **günstigeren Räumen** der GUS-Staaten, also dort, wo sich auch die Bevölkerung vorzugsweise konzentrierte. In postsowjetischer Zeit hat sich an diesen historisch gewachsenen Strukturen bisher wenig verändert. Allerdings verlieren die städtischen Siedlungen in den Ungunsträumen an Bedeutung, weil die Bevölkerung teilweise abwandert, was wiederum die Städte z. B. im Atlantischen Keil begünstigt.

Russische Föderation: Gründungsphasen von Städten im Raum der ehemaligen UdSSR

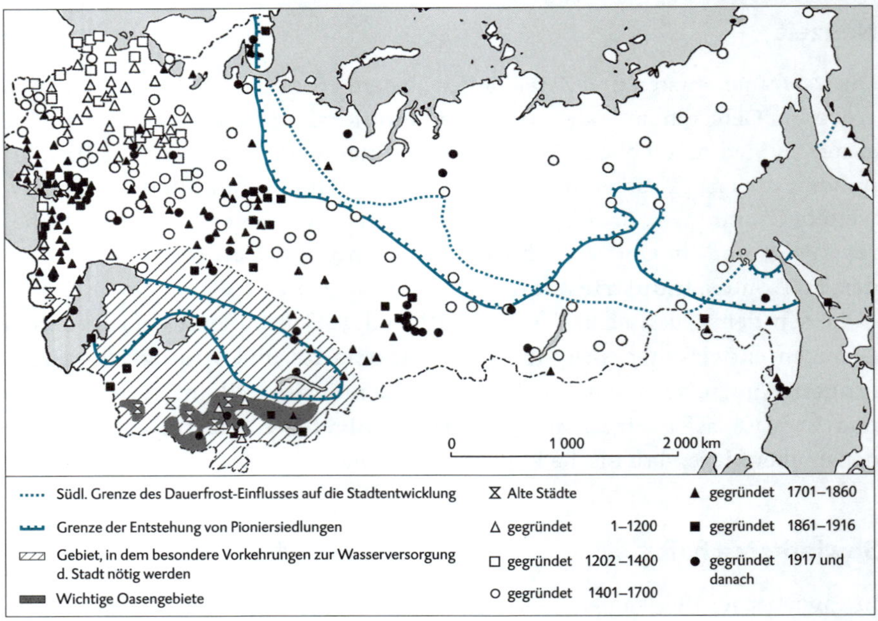

## Historisch-genetische Stadttypen

Die historischen Etappen und die unterschiedlichen kulturellen Prägungen haben im Gebiet der GUS die folgenden genetischen Stadttypen hervorgebracht:

- die **russische** Stadt mit dem Kern des Kreml (z. B. Moskau)
- die teilweise von den **Strukturen der Donaumonarchie** geprägte Stadt in der westlichen Ukraine (z. B. Lemberg/Lwiw)
- die **christlich-orientalische** Stadt Armeniens und Georgiens
- die **islamische** Stadt in Aserbaidschan und Mittelasien (z. B. Samarkand)
- die **russische Kolonialstadt** in Sibirien (z. B. Nowosibirsk)
- die **absolutistische** Residenzstadt (z. B. St. Petersburg)
- die **sozialistische** Stadt der Stalin- und „Nach-Stalin-Ära" (z. B. Moskau)
- die **postsowjetische** Stadt nach 1991 (z. B. Moskau)

Einige der genannten historisch-genetischen Stadttypen werden im Folgenden an typischen Beispielen erläutert.

# 3 Moskau – die russische Hauptstadt

## Die Innenstadt

Moskau verkörpert auf vielfältige Weise wesentliche Entwicklungsetappen der **russischen Stadt** und wurde besonders durch seine Funktion als Haupt- und Residenzstadt über viele Jahrhunderte hinweg geprägt. Die Einwohnerzahl der Stadt betrug um 1700 ca. 200 000, vor dem Ersten Weltkrieg ca. 1,6 Mio., vor dem Zweiten Weltkrieg ca. 4,1 Mio. und erreichte um 1980 8 Mio. Zu Beginn des 21. Jahrhunderts lag die Einwohnerzahl bei etwa 9 Mio.
Die Struktur Moskaus lässt sich am besten von der Stadtmitte, also vom **Kreml-Bezirk** her, erschließen. Die Entstehung dieses Festungs- und Burgbereiches geht bis in das 12. Jahrhundert zurück. Er ist seitdem immer wieder verändert und ausgebaut worden. Hier befand sich die Schutzstätte und Residenz der Moskauer Fürsten sowie der Zaren. Im Schutz der Mauern residierten aber auch die obersten Kirchenbehörden. Der Kreml war zugleich Verwaltungszentrum des Reiches, Klosterstandort und Wohnsitz reicher Aristokraten, er verkörperte also das **politische, kirchliche und gesellschaftliche Zentrum** des Reiches. Mauern und Flussläufe schützten ihn.

Ausgehend vom Kreml hat sich Moskau **sternförmig** entwickelt. Die Ausfallstraßen sind über **Ringstraßen** verbunden. Den Abschluss bildet heute der große Autobahnring, der die Stadt umschließt und gleichzeitig die Stadtgrenze darstellt. Um den Kreml und den anschließenden Burgbezirk **Kitai-gorod** entwickelte sich in der frühen Neuzeit der Stadtteil **Beligorod**, die „Weiße Stadt". Hier siedelten Händler, Gewerbetreibende, Dienstleute, Adelige und Ausländer, die bestimmte **Freiheiten** (russ.: slobodi) besaßen. Einer dieser Bezirke war die „deutsche Vorstadt" (russ.: nemezkaja sloboda).

Das späte 18. Jahrhundert und die erste Hälfte des 19. Jahrhunderts führten zu einer erheblichen Ausweitung des Stadtgebiets. Dies geschah, ausgehend von Impulsen aus St. Petersburg, in **klassizistischer** Bauweise. Nach dem Stadtbrand von 1812, der als Schutz vor den heranrückenden napoleonischen Truppen initiiert worden war, wurde die bisherige Holzbauweise flächenhaft durch **Steinbauten** ersetzt. Dadurch entwickelte sich Moskau zu einer für die damalige Zeit modernen Metropole. Viele der noch heute das Stadtbild prägenden Elemente entstanden (z. B. das Bolschoi-Theater).

Während man in der **sowjetischen Periode** in den Außenbezirken die architektonischen Prinzipien des **sozialistischen Lebens** umsetzte, wurden die innenstädtischen Bereiche in einem neuen **monumentalen Baustil** umgestaltet. Während der Stalin-Zeit sollten nämlich die Innenstädte die Macht des neuen sozialistischen Staats repräsentieren.

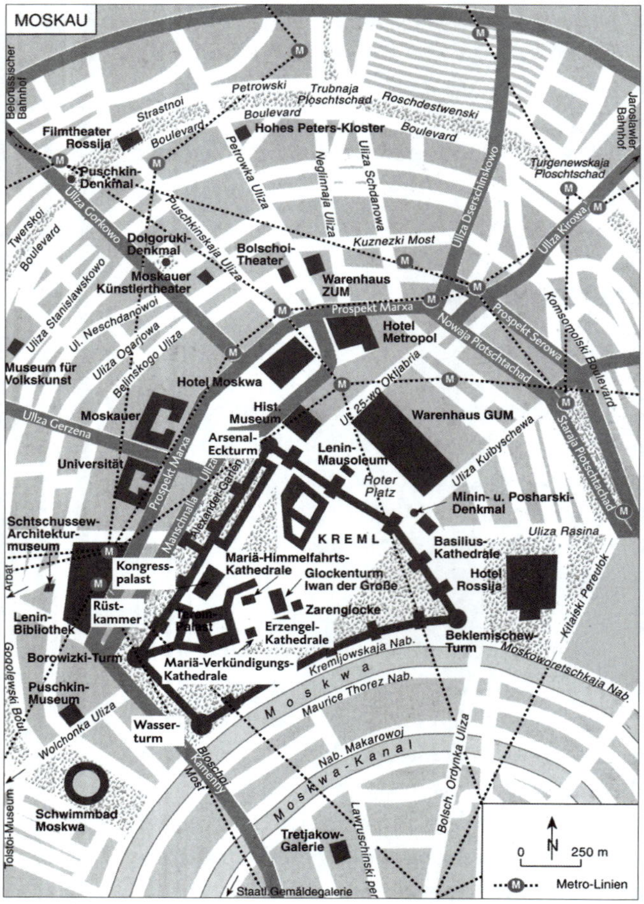


Die Innenstadt Moskaus: Grundriss und wichtige Einrichtungen

Zur Repräsentation dienten folgende Elemente:

- Die **Magistrale** (Pracht- und Aufmarschstraße für Paraden an staatlich vorgeschriebenen Feiertagen) wurde von prächtigen Häusern gesäumt. Im Erdgeschoss befanden sich staatliche Geschäfte, im Obergeschoss Wohnungen.
- In einem Teil der Magistrale weitete sich diese zu einem großen **repräsentativen Platz**, an dessen Rändern sich Gebäude für Staatsorgane und die Kommunistische Partei sowie zentrale kulturelle Einrichtungen befanden.
- An einigen Stellen der Magistrale standen **Denkmäler** russischer Revolutionäre, zumeist von Lenin und früher auch von Stalin.

In Moskau erfüllte der **Rote Platz**, direkt am Kreml gelegen, diese staatlichen Funktionen. Auch in anderen Städten der GUS-Staaten wurden solche Prachtstraßen während der Stalin-Ära gebaut. Seit den **1960er-Jahren** wurde dieses architektonische Grundmuster aufgelockert. Der repräsentative Baustil wurde von einem mehr **funktionalistischen** abgelöst. Große Kaufhäuser, weitere Geschäfte, gastrono mische Einrichtungen und Wohnblocks im Hochhausstil kamen hinzu. Die Einrichtungen von Partei und Staat traten teilweise zurück. Ein Beispiel für diese Bauweise ist der Moskauer Kalinin-Prospekt aus den 60er-Jahren.

Die **80er-Jahre** brachten im Vergleich eher eine **Stagnation** bzw. einen Rückgang der Vielfältigkeit in sowjetischen Städten. Häufig verfiel die stalinzeitliche Bebauung, und es entstanden relativ einheitliche Wohnblocks. Dabei war in Moskau und den meisten anderen Städten während der Sowjetzeit die Wohndichte im Innenstadtbereich sehr hoch. Der Boden und die Gebäude waren Eigentum des Staates bzw. der Stadt. So wurden die **Mieten niedrig** gehalten und **hoch subventioniert**, denn der sozialistische Charakter von Innenstädten sollte auch dadurch hervorgehoben werden, dass im Zentrum die Werktätigen zu günstigen Konditionen wohnen konnten. Hier galt es, den Gegensatz zu kapitalistisch geprägten Städten herauszustellen, in denen nur am Stadtrand die Mieten noch bezahlbar waren.

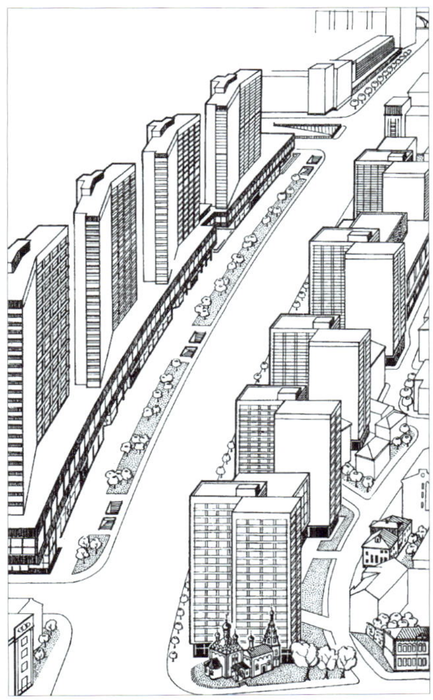

Der Kalinin-Prospekt: Typischer Städtebau aus den 60er-Jahren des 20. Jahrhunderts

## Zentralbereich der stalinzeitlichen Stadt (Mitte 30er- bis 50er-Jahre)

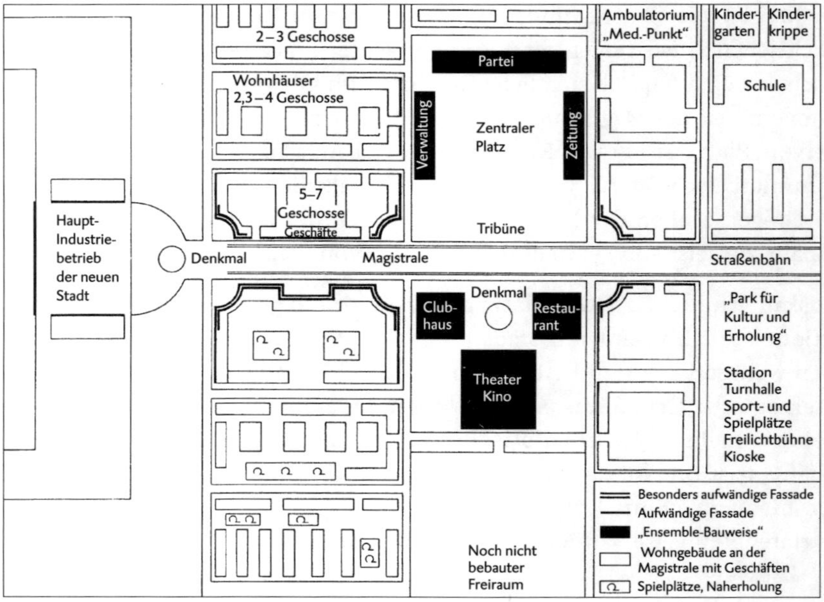


## Zentralbereich der modernen „sozialistischen Stadt“ (60er- bis 70er-Jahre)

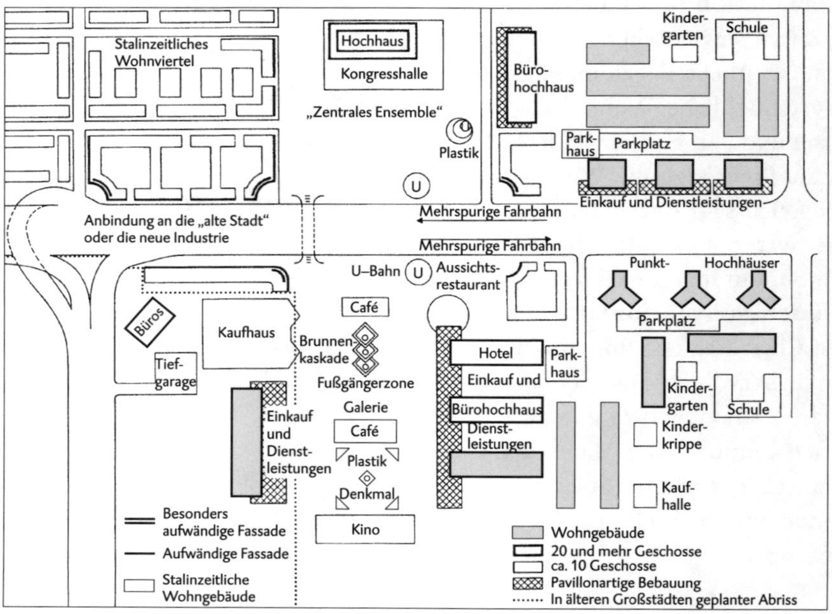

Der Zentralbereich der „sozialistischen Stadt der 80er-Jahre

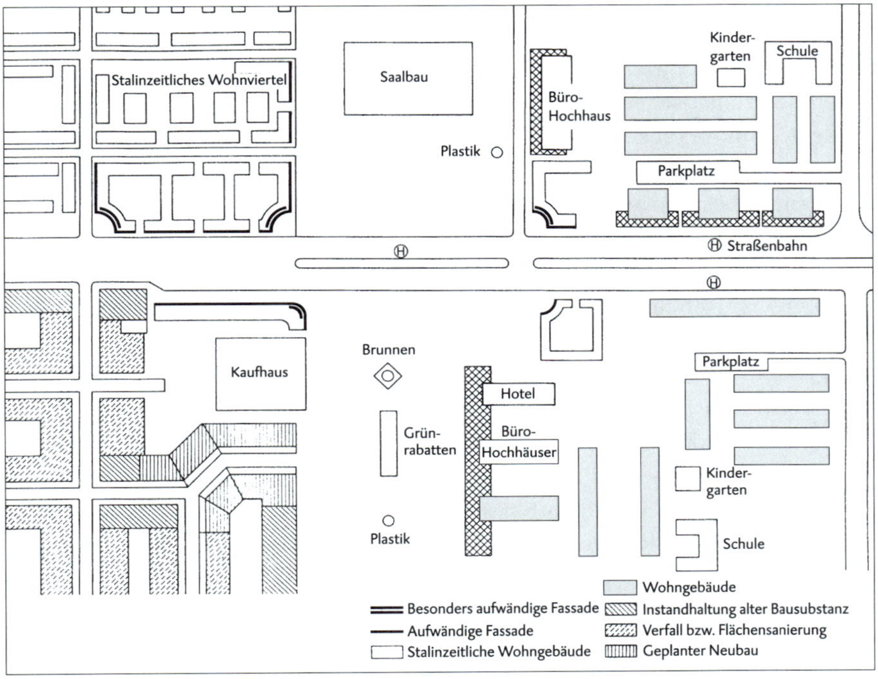


Die **postsowjetische** Zeit verändert seit 1991 die Innenstädte aller GUS-Staaten erheblich. Dies betrifft in besonderem Maße die Metropolen wie Moskau, Kiew oder St. Petersburg. Die Moskauer Innenstadt verändert sich dabei mit besonderer Dynamik. Aufgrund der relativen Liberalisierung der Stadt- und Geschäftsentwicklung bestimmen zunehmend **klassische Standortfaktoren** die Neustrukturierung der innerstädtischen Bereiche. Mietpreise, Geschäftslagen, Gewinn- und Absatzerwartungen lösen die alten sowjetischen Planungskonzepte ab. Dies führt dazu, dass die Innenstadt an Wohnbevölkerung verliert, die in äußere Stadtteile abwandert. Andererseits führt die **Tertiärisierung** der Innenstadt zu einer hohen **Tagbevölkerung**. Es entstehen Bürokomplexe, Einkaufszentren, Passagen, Geschäfte für den gehobenen und Luxusbedarf sowie Hotels. Als Folge der innerstädtischen Differenzierung werden in der Moskauer Innenstadt nun auch die höchsten Mieten gezahlt, während sie in den Außenbezirken deutlich niedriger liegen.

## Die Außenbereiche

Die Außenbezirke Moskaus erlangten in sowjetischer Zeit eine große **Homogenität**. Dies gilt auch für die meisten Städte in der Sowjetunion und den anderen sozialistischen Staaten. Charakteristisch wurden seit den 60er-Jahren große Wohnkomplexe, die häufig in Plattenbauweise industriell gefertigt wurden. Der **Mikrorajon** wurde die Grundeinheit des Wohnens in den Außenbezirken. Er bestand aus Ansammlungen von teilweise bis zu 16-geschossigen Wohnhäusern, die sich im Aussehen und in der inneren Struktur glichen. Zum Mikrorajon gehörten ferner Einrichtungen des täglichen Bedarfs: Schulen, Kindergärten und -krippen, Kaufhallen, Gaststätten, Sport- und Spielstätten, Ärztezentren. Mehrere Mikrorajons wurden zu Wohngebieten zusammengefasst. Zu einem solchen Gebiet gehörten dann auch Einrichtungen des selteneren Bedarfs wie Freibäder, Kinos oder Polikliniken.

Seit 1991 verändern sich auch die **Stadtrandsiedlungen** in ihrer Struktur, wenn auch langsamer als im Zentrum. Verfall und Neubau liegen dicht beieinander. Die alten Wohnbauten sind häufig stark **renovierungsbedürftig**. Einwohner, die es sich leisten können, verlassen die großen Wohneinheiten. Dies führt teilweise zu leer stehenden Wohnungen, wobei die Nachfrage nach Wohnraum in der russischen Hauptstadt dem entgegensteht. In den kleinen Wohneinheiten entstehen neue Geschäfte und Märkte, um die Bevölkerung besser mit Konsumartikeln und Dienstleistungen zu versorgen.

Auf freien Flächen bilden sich **neue Wohnbezirke**, die sich oft gänzlich vom sowjetischen „Einheitsstil“ unterscheiden. Viele wohlhabende Moskauer ziehen in neue Einfamilienhäuser mit Garten und Garage. Vereinzelt besteht dabei die Tendenz, sich vor den Blicken und dem Eindringen Fremder zu schützen und sein Areal optisch durch Mauern oder hohe Zäune zu markieren. Solche neuen Stadtbezirke werden als abgegrenzte Bereiche geplant und durch private Sicherheitsdienste bewacht (Tendenz zur „gated city“).

# 4 Lemberg – westukrainische Metropole mit „Wiener Flair“

Der Westen der Ukraine mit dem Zentrum der Stadt Lemberg (ukr.: Lwiw) gehörte erst ab 1939/41 bzw. 1944 zum Gebiet der Sowjetunion und war auch vor dem Ersten Weltkrieg nicht Teil des Russischen Reiches. Daraus ergab sich eine abweichende historisch-kulturelle und wirtschaftliche Prägung.

Lemberg, nördlich der Karpaten an wichtigen transeuropäischen Handelswegen gelegen, wurde im 14. Jahrhundert im Zuge der mittelalterlichen deutschen Ostkolonisation das **Magdeburger Stadtrecht** verliehen. Die Bürger erhielten damit die in Mitteleuropa üblichen Freiheiten eines Stadtbewohners. Die Stadtstruktur entwickelte sich ähnlich derjenigen anderer deutscher bzw. deutsch geprägter Städte im östlichen Mitteleuropa. Die Stadtanlage erfolgte planmäßig um einen zentralen quadratischen Marktplatz, von dem aus die Straßen im rechten Winkel abzweigten.

Die **Bevölkerungsstruktur** variierte über Jahrhunderte hinweg stark. Davon zeugen schon die vielen Bezeichnungen der Stadt: Lemberg, Lwiw, Lwow, Lwów, Leopolis, Lamberg. Die Polen stellten die relativ stärkste Bevölkerungsgruppe, hinzu kamen in Ostmitteleuropa lebende Juden, Ukrainer, Armenier, Deutsche und andere Nationalitäten mit ihren jeweiligen Religionen. Unterschiedlichste Kirchen prägten das Bild der Stadt. Nachdem Lemberg lange Zeit polnisch war, gelangte es im Zuge der polnischen Teilungen 1772 zum österreichischen Kronland **Galizien** und **Lodomerien** und wurde dessen Hauptstadt. Zwar blieb Galizien bis 1918, dem Jahr der Auflösung Österreich-Ungarns, eine sehr arme Provinz, Lemberg selbst entwickelte sich jedoch zu einer bedeutenden Metropole. Insbesondere in der 2. Hälfte des 19. Jahrhunderts und bis zum Ersten Weltkrieg wurde die Stadt in ihrem Zentrum mehr und mehr eine **österreichisch geprägte Stadt**. Das Vorbild der Kaiserstadt Wien bewirkte, dass die mittelalterliche Struktur durch **gründerzeitliche Bauten und Straßenzüge** ergänzt wurde. Hiervon zeugen noch heute die Häuser am Rande der Altstadt, Kasernen, das Postamt, die Universität und besonders das nach Wiener Vorbild entstandene Opernhaus aus dem Jahre 1905.

Die Zugehörigkeit zu Polen zwischen 1918 und 1939 änderte an der Struktur wenig. Erst die Herrschaft der Nationalsozialisten bis 1944 beeinflusste die ethnische Zusammensetzung grundlegend: Die Juden verschwanden aus der Stadt. Ab 1944 gehörte Lemberg zur Sowjetrepublik Ukraine. Nunmehr erfolgte eine Vertreibung der polnischen Einwohner. Seitdem wird die Stadt überwiegend von Ukrainern und – in der Minderheit – von Russen bewohnt.

Die **wirtschaftlichen** und **gesellschaftlichen Umwälzungen** der Sowjetherrschaft vernichteten die selbstständigen Existenzen und damit auch die wirtschaftliche Grundstruktur der Innenstadt. Die alte Bausubstanz verfiel und sowjetische Einrichtungen entstanden. Auch am Stadtrand entwickelten sich die typischen sozialistischen Siedlungsstrukturen. Lemberg, das nunmehr am Rande der UdSSR lag, war auch von den vielfältigen Handelsverbindungen der Vorkriegszeit abgeschnitten. Trotzdem stieg die Einwohnerzahl durch Zuzüge aus dem Umland weiter und liegt heute bei ca. 900 000. Dies kommt einer Verzehnfachung in den letzten 150 Jahren gleich (1851: ca. 68 000, 1910: 150 000, 1965: fast 500 000).

Die Zeit nach 1991, also nach der Auflösung der UdSSR und der Entstehung der souveränen Republik Ukraine, veränderte die Entwicklungsbedingungen Lembergs grundlegend. Die zunehmende **Privatisierung** der Wirtschaft führt dazu, dass die **Altstadt revitalisiert** wird. Dies geschieht noch zögerlich, unter anderem deshalb, weil die Eigentumsverhältnisse oft noch ungeklärt sind und zu wenig Kapital vorhanden ist, um die Situation der Stadt schnell zu verbessern. Dennoch entwickelt sich die Altstadt wieder zu einem Geschäftszentrum. Insbesondere der Bereich südlich der Oper wird erneut zum zentralen Treffpunkt der städtischen Bevölkerung. Man versucht, an die Vorkriegszeit anzuknüpfen und Modernes in der Architektur und im Geschäftsleben in das Bestehende zu integrieren. Hilfreich ist auch die Tatsache, dass die Städte jetzt wieder eigenständiger ihre Entwicklung verantworten können und nicht mehr nur vom Wohlwollen des Gesamtstaates abhängen.

Das Opernhaus in Lemberg: Wiener Architektur der Kaiserzeit in der West-Ukraine

Ein strukturelles Problem für Lembergs Zukunft liegt darin, dass seit 2004 die polnische Ostgrenze gleichzeitig die **EU-Außengrenze** geworden ist. Diese Grenze beeinträchtigt nicht nur den grenzüberschreitenden Handel zwischen der Westukraine und Polen sowie der EU, sie markiert zunehmend auch eine **Wohlstandsgrenze**. Der relativ arme Südosten Polens wird sich künftig, auch dank verstärkter EU-Fördergelder, erheblich schneller entwickeln als die noch ärmere Ukraine. Somit dürfte die wirtschaftliche Entwicklung Lembergs und seines Umlandes deutlich langsamer erfolgen als im benachbarten Südostpolen. Andererseits kann die in Ansätzen noch vorhandene mitteleuropäische kulturelle und wirtschaftliche Prägung helfen, dass sich Lemberg schneller von der sowjetischen Periode lösen wird als beispielsweise ostukrainische Metropolen. Ein Hinweis darauf sind auch die Konflikte innerhalb der Ukraine, deren östlicher Teil sich eher an Russland orientiert, während der westliche Teil eher auf Mitteleuropa ausgerichtet ist.

## 5 Samarkand – usbekische Metropole zwischen Orient und russischer Kolonisation

Samarkand (samar: fruchtbar, kand: Ansiedlung), von den Griechen Marakanda genannt, gehört zu den ältesten Städten der Erde (Alter: vermutlich mehr als 2 500 Jahre). Bereits im Altertum entwickelte sie sich zu einem bedeutenden **Handelszentrum**, lag sie doch am wichtigen Handelsweg zwischen Europa und China, der Seidenstraße. Seit die Stadt im 8. Jahrhundert von den Arabern erobert wurde, ist der Islam die beherrschende Religion. Der Mongolenfürst Dschingis Khan bezwang und zerstörte das alte Samarkand 1220.

Als bedeutendste Ära in der Geschichte Samarkands gilt die Periode der Herrschaft **Timur Lenks** (1336–1405), eines Nachfahren Dschingis Khans. Samarkand wurde die Hauptstadt eines bedeutenden Reiches. Die Altstadt von Samarkand repräsentiert noch heute typische Merkmale orientalisch-islamischer Metropolen des Mittleren Ostens. Sie weist einen **orientalischen Grundriss** auf. Dieser besteht aus einer Ansammlung von unregelmäßig verlaufenden Straßen und Sackgassen. Charakteristisch sind auch einzelne **Basarbereiche**. Einige größere Verbindungsstraßen durchziehen die Altstadt.

Außerhalb der Geschäftsstraßen vermitteln die Altstadtstraßen einen fast privaten Charakter. Die Straßen sind kaum befestigt, die Häuser überwiegend ebenerdig mit nur einem Geschoss, zur Straße fast ohne Fenster und um einen Innenhof gruppiert. Als Baumaterial dienten überwiegend Lehmziegel. In der Altstadt finden sich noch einige bedeutende Bauwerke aus Timurs Epoche. Hierzu zählen rechtwinklig und großzügig gebaute Moscheekomplexe und ehemalige religiöse höhere Schulen (Medressen). Am bedeutendsten sind die Gebäude am **Registan**, dem umfangreichsten historischen Bauensemble der Stadt (zum UNESCO-Weltkulturerbe erklärt). Weitere öffentliche Gebäude (Theater, Stadien, Rathaus) oder Plätze sind untypisch für die alte, islamisch geprägte Stadt. Da der Islam Darstellungen von Personen verbietet, sind viele Gebäude mit geometrischen Figuren besetzt.

Registan: zentraler Platz des orientalischen Teils von Samarkand

Typischer Basarbereich im orientalisch geprägten Samarkand

Aus Timurs Zeit ist außerdem eine weitflächige **Nekropole** (Totenstadt) erhalten. Sie liegt außerhalb der Altstadt und diente der Bestattung hoher Würdenträger. Die einfachen Bewohner Samarkands wurden nebenan auf Friedhöfen beerdigt. Ihre Gräber haben die Form kleiner Hügel.

Eine völlig andere Prägung erhielt die Stadt Samarkand ab 1868, als sie dem **Russischen Reich** einverleibt wurde. Westlich der Altstadt entstand die von **Russen** bewohnte und planmäßig angelegte **Neustadt**. Die Straßen verlaufen symmetrisch und sind befestigt. Die Häuser wurden zumeist aus Stein gebaut, hatten mehr als ein Geschoss und viele Fenster. Die kolonisierenden Russen errichteten in ihrem Stadtteil öffentliche Schulen, Theater, Verwaltungsstellen, ein Postamt, Kasernen, eine Universität, Geschäfte und später einen Bahnhof. Außerhalb der Stadt wurde ein separater Friedhof angelegt. Somit bestand die Stadt am Beginn des 20. Jahrhunderts aus zwei völlig unterschiedlichen Teilen, die kaum miteinander verbunden waren.

Die Periode der **UdSSR** veränderte die Stadt abermals. Rings um die russisch und orientalisch geprägten Stadtteile entstanden **große Wohnquartiere** mit mehrgeschossigen Bauten, später Plattenbausiedlungen mit entsprechenden infrastrukturellen Einrichtungen. Da die Zahl der Einwohner während der sowjetischen Periode auf über 400 000 anwuchs, bestimmt die sowjetische Bauperiode den größeren Teil des Stadtgebietes. In der Zeit der UdSSR wurde aus Samarkand eine bedeutende **Industriestadt**. Es entstanden Fertigungsbetriebe des Maschinenbaus und der Elektrotechnik, Nahrungs- und Genussmittelbetriebe sowie eine bedeutende Porzellanmanufaktur.

Seit 1991 treten die russischen Elemente in der Stadt wieder in den Hintergrund. In Usbekistan – und damit in Samarkand – kommt es einerseits zu einer Rückbesinnung auf die historischen und kulturellen Wurzeln. Somit erlangen die traditionellen Einrichtungen wie Moscheen, islamisch geprägte Schulen, orientalische Märkte und die Altstadt wieder größere Bedeutung. Andererseits verläuft die **Tertiärisierung** nach **westlichem Muster**, sodass das Stadtbild auch von modernen Einrichtungen geprägt wird. Eine gewisse Orientierung bieten dabei **Modernisierungsprozesse**, wie sie in der Türkei stattgefunden haben. Dies wurde teilweise von der Türkei unter dem Leitgedanken einer Zusammenarbeit der Turkvölker auch forciert.

Stadtplan von Samarkand

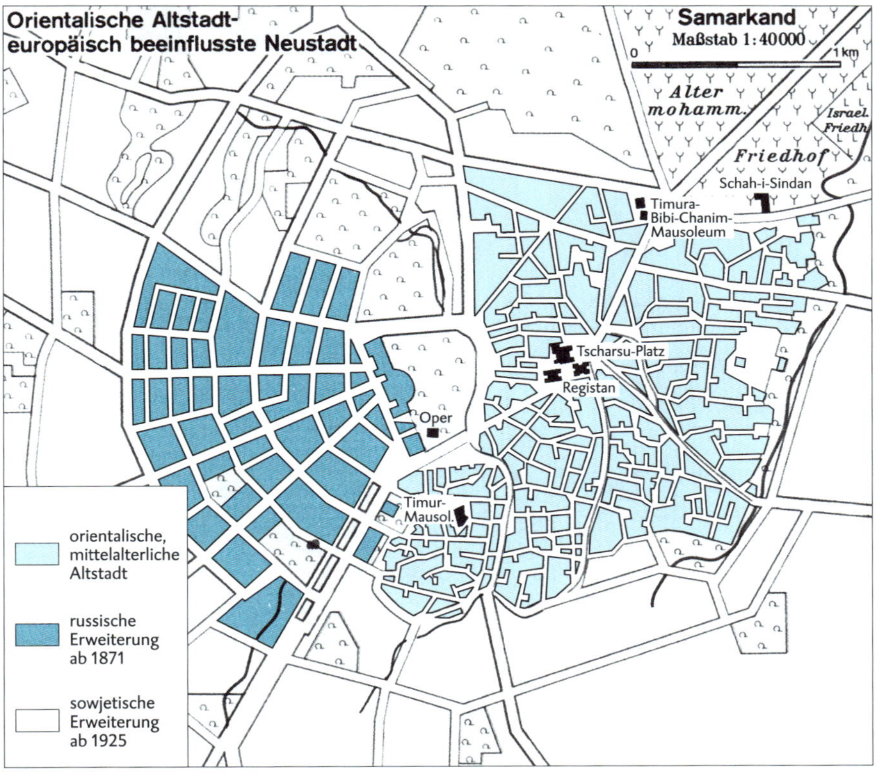

# 6 Nowosibirsk – russische Kolonial- und Industriestadt in Sibirien

Nowosibirsk, zuweilen wegen seines schnellen Wachstums als das „Chicago Russlands und Sibiriens" bezeichnet, wuchs innerhalb kurzer Zeit zur zentralen Stadt Sibiriens heran. Der Bau der Transsibirischen Eisenbahn ab den 90er-Jahren des 19. Jahrhunderts erforderte es, den breiten Strom des Ob zu überqueren. 1893 wurde an der Stelle, an der die Eisenbahn den Fluss queren sollte, eine Arbeitersiedlung mit dem Namen **Nowonikolajewsk,** nach dem Namen des Zaren, errichtet. Aufgrund der günstigen Verkehrslage entwickelte sich die Siedlung so schnell, dass sie 1904 Stadtrechte bekam. 1926 erhielt sie den Namen **Nowosibirsk**.

Die funktionale Gliederung von Nowosibirsk

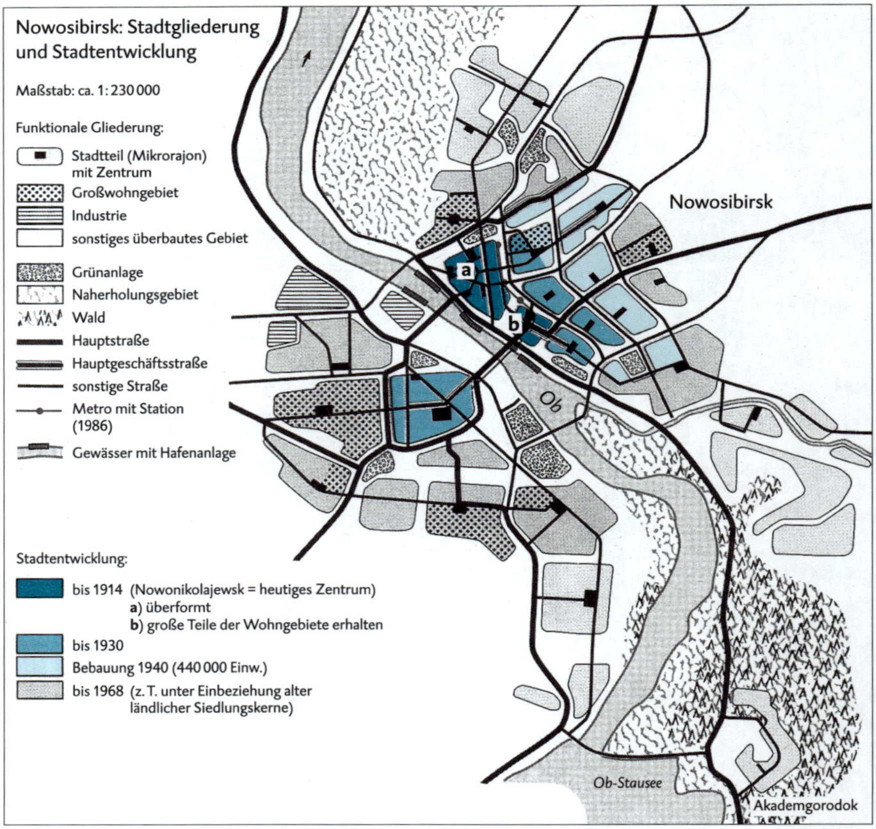

Als Folge des Zweiten Weltkrieges wurden viele militärisch wichtige Industriebetriebe nach Sibirien verlagert. Die Einwohnerzahl Nowosibirsks erhöhte sich rapide. 1962 wurde die Millionengrenze überschritten. Im Jahr 2004 lebten ca. 1,4 Mio. Menschen in der Metropole. Sie gehört damit zu den bevölkerungsreichsten Städten Russlands.

Das schnelle Wachstum sorgte dafür, dass die Strukturen der Stadt lange ungeordnet blieben und einem „Wildwuchs" glichen. Erst seit den 80er-Jahren des 20. Jahrhunderts bemühte man sich, mit einem **Generalplan** das Stadtbild **systematisch zu ordnen**. Die Veränderungen zeigen sich beispielsweise im verwendeten Baumaterial: 1950 bestand die Stadt noch zu 75 % aus Holzhäusern, 1980 nur noch zu 15 %. Mittlerweile existieren mehrere Brücken über den Ob, sodass die Stadtteile auf beiden Flussseiten gut miteinander verbunden sind.

Bis zum Zweiten Weltkrieg lag der Schwerpunkt der Industrie und der Wirtschaft auf dem **Handel** und der **Verarbeitung von Agrarprodukten**. Ab 1941 wurden über 50 industrielle Großbetriebe mit mehr als 140 000 Arbeitern aus dem europäischen Russland nach Nowosibirsk verlagert. Es handelte sich vor allem um militärisch wichtige Betriebe. Die **Rüstungsindustrie** wurde zu einem Schwerpunkt der Wirtschaft von Nowosibirsk. Hinzu kam die größte Zinnfabrik der UdSSR. Am Ende der Sowjetunion entfielen schätzungsweise zwischen 70 – 80 % der Industrieproduktion auf den militärischen Bereich.

Seit den 50er-Jahren des 20. Jahrhunderts entwickelte sich in der Stadt als weiterer Schwerpunkt die wissenschaftliche Forschung. Nowosibirsk wurde das **Wissenschaftszentrum Sibiriens**. Etwa 20 km südlich der eigentlichen Stadt entstand ab 1957 in der Taiga am Ufer des Ob die Wissenschaftsstadt **Akademgorodok**. Zeitweilig lebten in dieser Elitestadt, aus der viele Impulse für Neuerungen in der industriellen Produktion kamen, ca. 60 000 Einwohner.

Die Auflösung der UdSSR traf die Wirtschaft Nowosibirsks schwer. Die Staatsaufträge für die Rüstungsindustrie gingen stark zurück. Dadurch fiel der Anteil dieser Branche am industriellen Produktionsvolumen auf 5 %. Die verbliebenen Industriebetriebe versuchen durch **Konversion**, also Umnutzung von Flächen, die Wirtschaftslage zu stabilisieren. Beispielsweise wurde der militärische Flugzeugbau auf zivile Maschinen umgestellt. Weitere Betriebe folgten, ohne dass bisher auch nur annähernd das Niveau der Beschäftigung während der Sowjetzeit erreicht worden wäre.

Auch Akademgorodok leidet unter der neuen Situation. Der bisherige Forschungsschwerpunkt der militärisch-industriellen Produktion hat kaum noch Bedeutung. Der Staat finanziert nur noch ein Minimum der Forschungstätigkeit. Als Folge ausbleibender oder minimaler Gehaltszahlungen wanderten Tausende von Wissenschaftlern in andere Teile Russlands und in westliche Länder (vor allem in die USA und die EU) ab.

Nowosibirsk musste einen kaum zu verkraftenden Aderlass an Forschungs- und Wissenschaftskapazität bewältigen. Dennoch verfügt die Stadt weiterhin über zahlreiche hochrangige Bildungs- und Forschungseinrichtungen, die noch immer einen wichtigen Faktor auch für ausländische Firmenansiedlungen darstellen. Mittlerweile gibt es viele Hundert **Gemeinschaftsunternehmen** (sogenannte **joint ventures**) zwischen russischen und US-amerikanischen sowie EU-Unternehmen. Deutsche spielen hierbei eine wichtige Rolle. Die Entwicklung der Stadt ist von einer deutlichen **Tertiärisierung** geprägt. Nowosibirsk ist bereits das führende **Finanz- und Handelszentrum Sibiriens**. Es herrscht teilweise eine Aufbruchstimmung wie Anfang des 20. Jahrhunderts: Überall in der Stadt wird gebaut, und es entstehen neue Geschäfte, Restaurants, Hotels, Boutiquen, Banken. Die Stadt erhält in ihren zentralen, bisher eher grau aussehenden Teilen ein buntes, „westlich“ anmutendes Gesicht.

## 7 St. Petersburg – die Zarenmetropole an der Newa

St. Petersburg, Petrograd, Leningrad, St. Petersburg – diese vier Namen spiegeln die bewegte Geschichte der Stadt mit all ihren strukturellen Prägungen wider. Die Siedlung an der Mündung der Newa in den Finnischen Meerbusen wurde 1703 von Peter dem Großen gegründet und war bis 1918 fast ununterbrochen **Hauptstadt** des Russischen Reiches. Sie sollte den Aufbruch Russlands in Richtung Europa symbolisieren und eine Modernisierung des Reiches mit sich bringen. Städtebauliche Leitbilder waren Amsterdam sowie im Geist des Absolutismus entstandene europäische Städte. Diese Vorbilder prägen noch heute den größten Teil der inneren Stadtbezirke.

Die Stadt der **absolutistischen Periode** ab Peter dem Großen weist eine Reihe charakteristischer Merkmale auf. Im Zentrum liegen die Peter-und-Paul-Festung und der Winterpalast als Residenz der Zaren. Das Straßennetz orientiert sich an diesen Fixpunkten und symbolisiert damit die zentrale Rolle der Zaren: Soweit die topografischen Gegebenheiten dies zulassen, verlaufen die Hauptstraßen sternförmig auf die Residenz zu. Sie werden durch halbe Ringstraßen miteinander verbunden. Weiterhin durchziehen nach dem Vorbild Amsterdams Kanäle die Stadt.

Ein weiteres Merkmal der Innenstadt ist die regelmäßige bauliche Ausgestaltung der Häuser. Sie stammen fast alle aus dem 18. und frühen 19. Jahrhundert und waren die Wohnhäuser und Palais der Adeligen, höheren Hofbeamten, Diplomaten, hohen Militärs, bedeutenden Künstler und reichen Bürger. Die relative Einheitlichkeit der Bauweise lässt sich noch heute als städtebauliches Gesamtkunstwerk aus der Zeit des Absolutismus bezeichnen.

Die **Hauptstadtfunktion** brachte es mit sich, dass in der Stadt immer mehr Bauten entstanden, die die Macht und Pracht des zaristischen Russland repräsentieren sollten, wie Universitäten, höhere Bildungseinrichtungen, Regierungs- und Militärbauten, Kirchen, Klöster, Museen, Hotels sowie zahlreiche Theatergebäude.

Bis 1914 entwickelte sich die russische Hauptstadt auch zu einem der wichtigsten **Wirtschaftszentren** des Reiches. Dies galt für zahlreiche Industriebetriebe aus verschiedenen Branchen, aber auch für großstädtische Dienstleistungen. Die Verkehrsinfrastruktur gehörte zu den besten des Reiches. Eisenbahnen verbanden die Hauptstadt mit den anderen Zentren des Landes und mit dem Ausland. Aus dieser Zeit stammen die Kopfbahnhöfe, von denen aus sternförmig Verbindungen in alle Richtungen des Reiches bestanden. Beispiele hierfür sind der Finnische Bahnhof (Richtung Helsinki), der Moskauer Bahnhof (Richtung Moskau und Sibirien) sowie der Witebsker Bahnhof (Richtung Witebsk und Ukraine).

Weil Deutschland während des Ersten Weltkrieges Kriegsgegner Russlands war, wurde 1914 der deutsch klingende Name der Stadt in **Petrograd** umbenannt. Von 1924 bis 1991 hieß die Stadt nach dem Gründer der Sowjetunion **Leningrad**. Lenin verlegte die Hauptstadt der UdSSR jedoch wieder in das alte Zentrum Moskau, was zu einer deutlichen Vernachlässigung der Stadt in der Periode der UdSSR führte. 1991 wurde die Rückbenennung der Stadt in St. Petersburg in einer Volksabstimmung entschieden. Auch viele Straßen, Brücken und Parks wurden wieder rückbenannt.

Wohnhäuser der Oberschicht (erbaut im 18./19. Jh.) am Mojka-Kanal in St. Petersburg

Die Bevölkerungsentwicklung von St. Petersburg

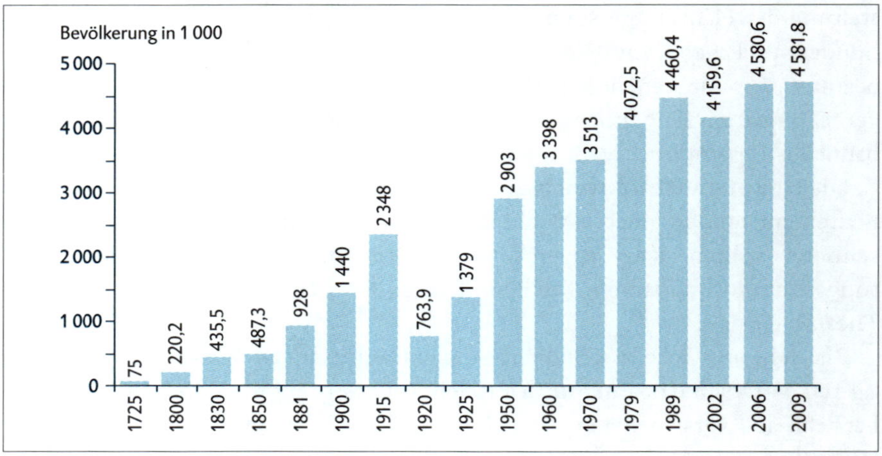


In den 300 Jahren ihrer Existenz hat sich die Bevölkerungszahl der Stadt bis auf über 4 Mio. erhöht. St. Petersburg ist damit die zweitgrößte Stadt Russlands. Am Ende der Regierungszeit Zar Peters bewohnten bereits 75 000 Einwohner die Stadt. Die Sogwirkung der Metropole ließ die Einwohnerzahl bis in den Ersten Weltkrieg hinein auf über 2 Mio. anwachsen. Der Erste Weltkrieg, Hungersnöte und der Bürgerkrieg nach 1918 bewirkten, dass diese Zahl auf ein Drittel zurückging. Auch der Zweite Weltkrieg und die Einkesselung der Stadt durch die Wehrmacht von 1941 – 1944 (insgesamt 900 Tage) reduzierten die Einwohnerzahl erneut. Nach dem Zweiten Weltkrieg erreichte Leningrad bis 1989 fast 4,5 Mio. Einwohner. Seitdem ging diese Zahl wieder zurück und liegt bei etwas über 4 Mio.

Die **Periode der Sowjetunion** veränderte die Stadt wiederum. Sie behielt eine wichtige Position in vielen industriellen Branchen (verarbeitende Industrie, Schiffbau, später auch Flugzeug- und Raumfahrtindustrie) und blieb ein kultureller und wissenschaftlicher Mittelpunkt der UdSSR, geriet aber ansonsten in den Schatten der Hauptstadt Moskau. Die innerstädtischen Wohnquartiere aus der Zarenzeit wurden oft wenig gepflegt und verkamen. Viele dieser großen Wohnungen wurden als sogenannte **Kommunalkas** genutzt, d. h. als Gemeinschaftswohnungen, in denen sich mehrere Familien Gemeinschaftseinrichtungen im Haus (z. B. Bad, Keller) teilen mussten. Die extrem niedrigen Mieten verhinderten, dass die Stadt als Eigentümerin in die Modernisierung und Instandsetzung dieser Wohnungen investierte. Bis zu 15 % der Einwohner wohnten in der Sowjetzeit in den Kommunalkas. Gleichzeitig entstanden an den Rändern der Stadt große neue Siedlungskomplexe im sowjetischen Stil.

Die **postsowjetische Periode** brachte für St. Petersburg ähnliche Probleme wie für andere russische Städte mit sich. Viele ehemals staatliche Betriebe wurden geschlossen. Die industrielle Branchenstruktur mit Schwerpunkten in den Bereichen Verarbeitung, Maschinenbau, elektronische Industrie und Nahrungsmittelindustrie blieb jedoch im Kern erhalten, sodass die Stadt und ihre Region auch für ausländische Investoren attraktiv wurden. Hierbei spielten auch die Lage an der Ostsee als Hafenstandort sowie die Nähe zu westlichen Märkten eine Rolle. Seit den 90er-Jahren des 20. Jahrhunderts investierten besonders Firmen aus den Niederlanden, Finnland, den USA und Großbritannien in die St. Petersburger Wirtschaft. Mittlerweile erhöhten sich die ausländischen Investitionen auf mehrere Milliarden Euro.

Die **Tertiärisierung** der Innenstadt vollzieht sich ähnlich wie in Moskau. Insbesondere die Hauptgeschäftsstraße, der **Newskij Prospekt**, besitzt für Geschäfte aller Art eine hohe Attraktivität. Die sozialräumliche Differenzierung der Stadt schreitet voran. Dies geschieht vor allem durch die hohen Mieten in bevorzugten Innenstadtlagen, während in den Außenbezirken das Mietpreisniveau kaum gestiegen ist. Einkommensstarke Bewohner beziehen als Folge die Innenstadtquartiere und verdrängen so teilweise die bisherigen Nutzer **(Gentrifizierung)**.

Die Hauptgeschäftsstraße Newskij Prospekt

Für die Entwicklung St. Petersburgs ist es wichtig, das Potenzial der Vergangenheit zu nutzen. Hierzu gehört das reichhaltige **kulturelle Angebot**. Es gibt über 350 Bibliotheken, 70 Museen, 50 Theater sowie hochkarätige Bildungs- und Forschungsstätten. In der Umgebung der Stadt befinden sich aus der Zarenzeit einige sehenswerte Schlösser (z. B. Peterhof, Pawlowsk, Puschkin). Dieses Potenzial macht St. Petersburg weltweit zu einer der attraktivsten Städte für Touristen. In den letzten Jahren kamen allein aus dem überwiegend westlichen Ausland jährlich fast 3 Mio. Besucher. Somit entwickelt sich der Fremdenverkehr zu einem wesentlichen Wirtschaftsfaktor der Stadt.

## Zusammenfassung

- Im Russischen Reich waren lange Zeit **Dörfer** (meist Reihendörfer) die Hauptelemente der Siedlungen. Die Infrastruktur dieser Dörfer war und ist größtenteils wenig entwickelt oder desolat.
- In der Sowjetzeit kamen als weitere dörfliche Strukturelemente große Siedlungs- und Wirtschaftskomplexe von **Sowchosen** und **Kolchosen** hinzu.
- Die **städtischen Siedlungen** im Gebiet der GUS sind in den südlichen Randbereichen antiken Ursprungs. Ansonsten sind sie erst seit dem Mittelalter, von West nach Ost fortschreitend, entstanden. Seit Beginn der Industrialisierung entstanden viele neue Städte, bestehende weiteten sich stark aus.
- Die **sowjetische Periode veränderte Strukturen und Physiognomie** der Städte. In Innenstädten entstanden oft Strukturen mit prächtigen Fassaden, Paradestraßen und Einkaufsbereichen. Die äußeren Bezirke dagegen vermittelten mit vorherrschenden Plattenbauten ein eher monotones Bild.
- Die **postsowjetische Periode** ist gekennzeichnet von einer deutlichen **Tertiärisierung** der Innenstädte, einer sozialräumlichen Differenzierung, neuen städtebaulichen Elementen sowie der Sanierung alter Stadtteile.
- Historisch-genetisch dominiert im größten Teil des GUS-Raumes der **russisch** und **sowjetisch geprägte Stadttyp**. An den geografischen Rändern kommen weitere kulturell-historisch geprägte Strukturen hinzu: der **österreichische** Einfluss im Südwesten der Ukraine, der **orientalische** Einfluss in Mittelasien und das vom Geist des **Absolutismus** geprägte St. Petersburg. Mittlerweile werden auch Strukturelemente des modernen, westlich geprägten Städtebaus immer wichtiger.

# Die ökologischen Probleme der GUS-Staaten

## 1 Das Erbe der Sowjetzeit

Die Periode der UdSSR hat durch die Entwicklung der Landwirtschaft und die massive Industrialisierung die natürlichen Gegebenheiten stark verändert. Die sowjetische Zentralverwaltungswirtschaft konzentrierte sich darauf, die Produktion quantitativ zu steigern, um so die Planvorgaben zu erfüllen. In dem riesigen Land mit ausgedehnten Ungunsträumen spielten dabei Überlegungen, mit den natürlichen Voraussetzungen schonend umzugehen, nur eine untergeordnete Rolle. Die Qualität der Luft, des Bodens und der Gewässer wurde dadurch in einigen Regionen stark beeinträchtigt, ganze Provinzen zu **ökologischen Katastrophengebieten**. Hinzu kamen Belastungen im Zusammenhang mit Maßnahmen des Militärs.

Russische Föderation: Ökologische Problemgebiete

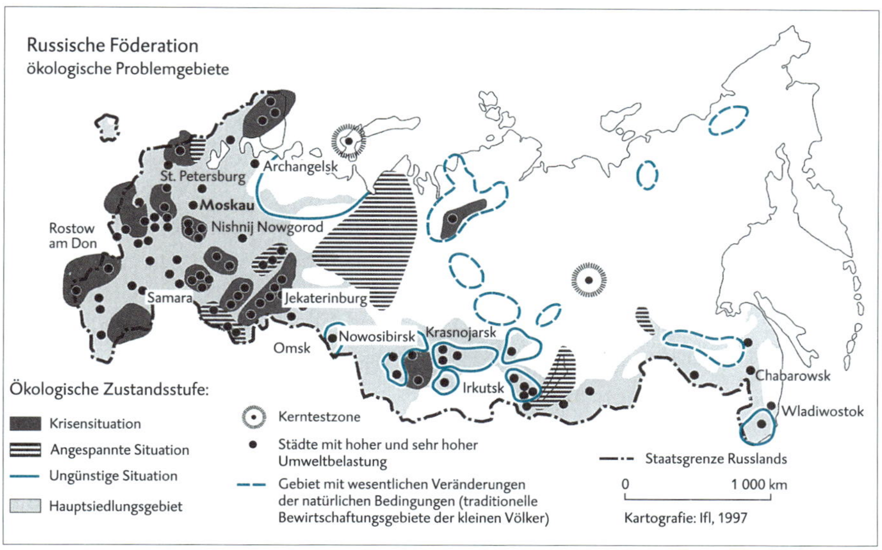

Die Umweltschäden in der ehemaligen UdSSR unterscheiden sich von denen anderer Industrieländer durch ihre massive Ausprägung. Die ökologischen Probleme wurden als Einzelfall nicht öffentlich diskutiert, weil sie nach dem Selbstverständnis der regierenden KPdSU nicht existieren durften: Das sozialistische System sollte dem kapitalistischen prinzipiell überlegen sein. So erschwerte das Wirtschafts- und Gesellschaftssystem erschwerte die Entwicklung eines ökologischen Bewusstseins.

## 2 Der Zustand der Gewässer

Der Gewässerzustand der GUS-Staaten ist in zahlreichen Regionen als stark belastet und gesundheitsgefährdend einzustufen. Diese Kennzeichnung trifft auf viele der großen und kleinen Flüsse, auf Seen sowie auf einige küstennahe Gewässer zu. Die Folgen sind u. a.:

- Die Fischbestände nehmen ab, weil ihre Lebensräume stark beeinträchtigt sind. Viele Fische sind mit giftigen Stoffen belastet und daher für den menschlichen Verzehr ungeeignet.
- Siedlungen können häufig ihren Trinkwasserbedarf nicht mehr decken, da das Wasser der Flüsse und das Grundwasser zu viele Schadstoffe enthalten.
- An einigen Küstenabschnitten am Schwarzen Meer, am Kaspischen Meer sowie an der Ostsee ist die ökologische Beeinträchtigung so hoch, dass das Baden für den Menschen gefährlich werden kann.
- Maschinen werden in ihrer Lebensdauer und Leistung beeinträchtigt, wenn über das Brauchwasser aggressive Stoffe mit ihnen in Kontakt kommen.

Greenpeace-Aktivisten protestieren in Sibirien gegen Ölverschmutzung

Die **Ursachen** für den schlechten Zustand vieler Gewässer lassen sich auf die Verhaltensweisen des Staates, seiner Unternehmen und Kommunen sowie seiner Bürger zurückführen. Viele Siedlungen haben keine oder **unzureichende Abwassersysteme**. Manche veralteten Anlagen sind defekt und geben zu wenig geklärte Abwässer in Flüsse und Seen ab. Die Kläranlagen reinigen die Abwässer oft nur mechanisch, jedoch nicht biologisch oder chemisch. Zahlreiche Gewerbebetriebe leiten ihre Abwässer ungeklärt ab. Hinzu kommen **marode Ölleitungen**. Man geht davon aus, dass etwa ein Drittel der bestehenden Pipelines über 30 Jahre alt und reparaturbedürftig sind. Damit gehen nicht nur 10 bis 20 % der geförderten Erdölmenge verloren, sondern es entstehen zuweilen in der Umgebung der Leitungen regelrechte Ölseen, in denen jegliches Leben erstickt.

Schließlich sei die kollektivierte Landwirtschaft als Verursacher erwähnt. Durch **Überdüngung** und übermäßige Verwendung von **Insektiziden**, **Pestiziden** und **Herbiziden** gelangen zunehmend Schadstoffe in die Gewässer bzw. in das Grundwasser. Aufgrund der **klimatischen Ungunst** in vielen Regionen dauert der **biologische Abbau** von Schadstoffen im Wasser **sehr lange**, denn die Zersetzer können nur in den meist sehr kurzen warmen Perioden wirken.

Schadstoffeinleitung in russische Gewässer 1990, 1996 und 2001[26]

| Gewässer | verschmutzte Abwässer in Mrd. $m^3$ | | |
|---|---|---|---|
| | 1990 | 1996 | 2001 |
| Ostsee | 2,7 | 2,2 | 2,1 |
| davon aus d. Newa | 1,6 | 0,5 | 0,4 |
| Schwarzes Meer | 0,4 | 0,3 | 0,3 |
| Asowsches Meer | 3,9 | 3,1 | 1,9 |
| davon aus dem Don | 0,9 | 1,4 | 0,7 |
| davon aus d. Kuban | 1,7 | 1,0 | 0,7 |
| Kaspisches Meer | 11,8 | 9,8 | 8,9 |
| davon aus d. Wolga | 11,1 | 8,7 | 8,1 |
| Karasee | 6,2 | 4,7 | 4,2 |
| davon a. d. Jenissej | 3,1 | 1,7 | 1,4 |
| davon aus dem Ob | 2,8 | 2,7 | 2,6 |
| Weißes Meer | 1,1 | 0,8 | 0,9 |

Ein besonders markantes Beispiel für die Beeinträchtigung von Gewässern ist der **Aralsee** in Mittelasien. Um seinen Wasserstand zu halten, ist der See auf den Zufluss der Ströme Amudarja und Syrdarja angewiesen. Aufgrund des ariden Klimas fallen durchschnittlich nur ca. 120 mm Niederschlag im Jahr, wobei die **Verdunstung** sehr hoch ist. Die sowjetische Landwirtschaftspolitik bestimmte in den 1950er-Jahren den Bereich der beiden Flüsse zu Gebieten, in denen mithilfe von **Bewässerung** großflächig Baumwolle angebaut werden sollte. In der Folge stieg die Bewässerungsfläche von 1960 bis Mitte der 90er-Jahre von 2,8 auf 7,4 Mio. ha. Damit begann auch die ökologische Katastrophe für den Aralsee. Die folgenden Zahlen mögen dies verdeutlichen.

26 Quelle: Rossiski statistitscheski jeshegodnik 2002, S. 72

Daten zum Aralsee[27]

| | 1960 | 1970 | 1980 | 1990 | 2000 | 2005 | 2009 |
|---|---|---|---|---|---|---|---|
| Wasserfläche | 100 % | 90 % | 76 % | 66 % | 40 % | 29 % | < 10 % |
| Wasser-volumen | 100 % | 89 % | 59 % | 26 % | 19 % | 12 % | < 6 % |
| Salzgehalt | 0,9 % | 1,0 % | 1,7 % | 3,5 % | 4,3 % | 7 – 9 % | > 10 %* |

* gilt für südlichen Aralsee; der nördliche Aralsee hat durch Aufstau (Damm) nur noch einen Salzgehalt von unter 2 %

Die Folgen der starken Wasserentnahme werden aus den genannten Daten deutlich. Mittlerweile erreichen Amudarja und Syrdarja den Aralsee nur noch zeitweise. Während Seefläche und Wasservolumen des Sees erheblich zurückgingen, erhöhte sich der **Salzgehalt** des verbliebenen Wassers außerordentlich. Bis heute halten die beschriebenen Tendenzen an, wenn auch der Baumwollanbau langsam zurückgeht. Einige bisherige Küstenstädte liegen mittlerweile weit im Landesinnern. An manchen Stellen sind die Seeufer um über 150 km zurückverlegt. Fischfang und -verarbeitung, ursprünglich wichtige Wirtschaftszweige mit jährlich bis zu 45 000 Tonnen Fisch pro Jahr, existieren nicht mehr. Die für das aride Klima ausgleichende Funktion eines großen Binnengewässers kann der Aralsee praktisch nicht mehr wahrnehmen, sodass sich die Aridität weiter erhöht.

Für die in der Region lebenden Menschen bringt die Austrocknung des Sees gesundheitliche Probleme mit sich. Der Wind transportiert den von Insektiziden und Salzen durchsetzten Sand des einstigen Seegrunds über Hunderte von Kilometern und vergiftet die Landschaft. Obst und Gemüse können nicht mehr gedeihen, sodass die Ernährung der Menschen einseitiger geworden ist. Das Wasser ist nur abgekocht genießbar.

27 Quelle: Mit freundlicher Genehmigung von Prof. Dr. S.-W. Breckle, Dept. Ecology, Bielefeld

Veränderungen der Ausdehnung des Aralsees von 1960 bis 2009

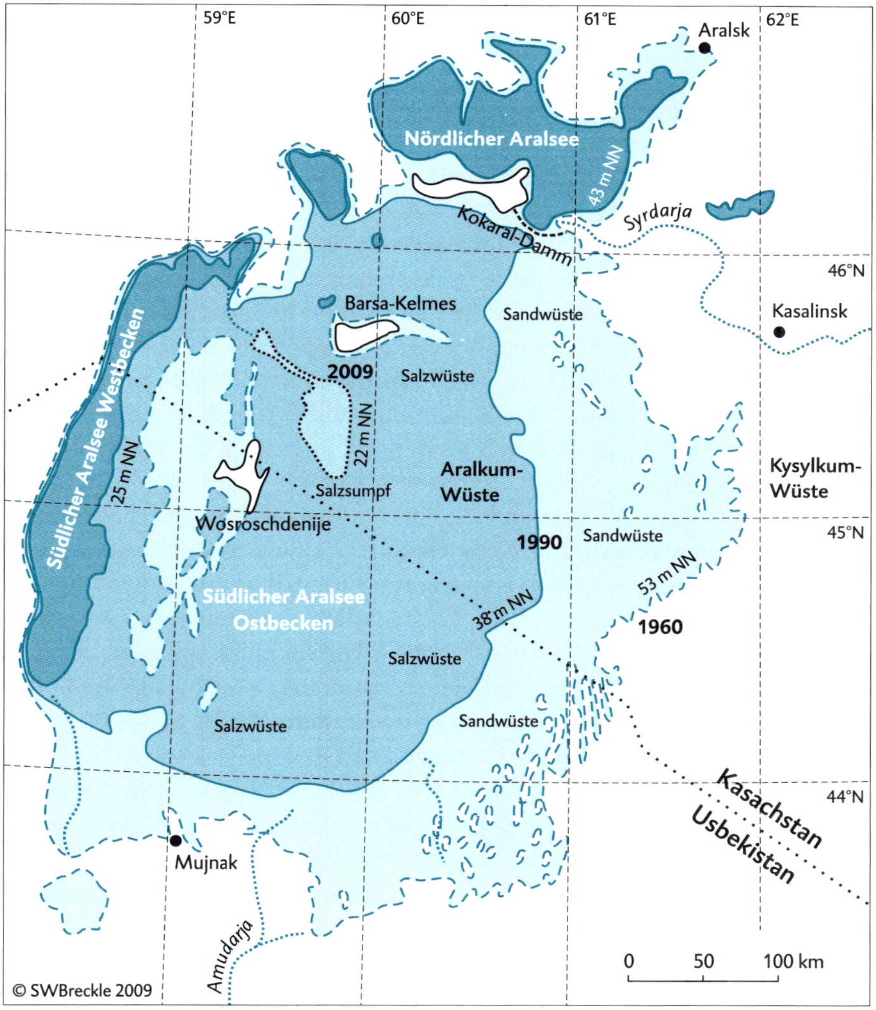

## 3 Der Zustand der Böden

Neben den Gewässern stellt der Zustand der Böden die Nachfolgenstaaten der Sowjetunion vor große Probleme. Hierbei lässt sich die **unsachgemäße Bodennutzung** durch die sowjetische Landwirtschaft als Hauptursache nennen. Die riesigen Flächen der Kolchos- und Sowchoswirtschaft begünstigten die starke Zunahme der **Bodenerosion**. Über zwei Drittel der Agrarflächen gelten heute als erosionsgefährdet. Die Bodenabtragung geschieht durch **starke Regenfälle** oder intensive **Windeinwirkung** in trockenen Perioden. Neben der Flächengröße fördern fehlende Waldstreifen und nicht mehr vorhandene kleinräumige Gräben und Grünflächen den fortschreitenden Bodenabtrag. Jährlich gehen auf diese Weise Tausende Hektar wertvollen Ackerbodens verloren.

Als Folge der Erosion hat sich der **Humusgehalt** vieler Böden erheblich **verringert**. Dies gilt besonders für die Schwarzerdegebiete und die Bereiche kastanienfarbener Böden. Dadurch vermindert sich auch die Ertragfähigkeit der Landwirtschaft.

In Bewässerungsgebieten unter ariden Klimabedingungen besteht die Gefahr der **Bodenversalzung**, beispielsweise im Bereich der Hauptzuflüsse zum Aralsee. Die intensive Bewässerung führt dazu, dass bei großer Hitze die im Bewässerungswasser sowie im Boden selbst vorhandenen Salze durch kapillaren Aufstieg an die Bodenoberfläche gelangen. Mittlerweile weisen große Bereiche eine salzhaltige Kruste auf, sodass die Ertragsfähigkeit der Böden sinkt. Hinzu kommt die starke Belastung vieler Böden durch giftige Chemikalien, Schwermetalle und Pflanzenschutzmittel.

Besonderen Gefahren ist der Boden in den kalten Gebieten des Nordens und Nordostens ausgesetzt. Wegen des ungünstigen Klimas werden die die Umwelt verschmutzenden Rückstände (beispielsweise in der Nähe von Ölförderanlagen oder in Industriebereichen) kaum durch natürliche Zersetzer abgebaut. Der dünne humose Oberboden wurde oft leichtfertig bei Bauarbeiten zerstört. Eine Regeneration dauert in diesen kalten Klimaten sehr lange.

Einige Gebiete weisen zusätzlich eine radioaktive **Bodenverseuchung** auf. In verschiedenen Regionen der ehemaligen UdSSR gab es Versuchsgelände für atomare Anlagen, so beispielsweise auf Nowaja Semlja im Nordpolarmeer, in Kasachstan oder im mittleren Sibirien. Hier sind großflächig Boden- und Meeresareale auf Jahrzehnte so belastet, dass sie eine extreme Gefährdung für alle Lebewesen darstellen. Auf der Halbinsel Wosroschdenije, im Aralsee gelegen, wurde vom sowjetischen Militär ein Forschungslabor für biologische Waffen aufgebaut. Die Insel ist deswegen immer noch stark u. a. mit Milzbranderregern verseucht.

# 4 Der Zustand der Luft

Die Industriegebiete sowie die großstädtischen Ballungsräume sind durch erhebliche **Luftverschmutzung** gekennzeichnet. Die Gesundheit der Menschen wird dadurch stark belastet. Krankheiten nehmen zu, die Kinder- und Säuglingssterblichkeit steigt, Schwangerschaften verlaufen mit vielen Problemen.

Luftverschmutzung 2003: Russische Städte mit der größten Belastung[28]

| Rang | Stadt | Region | Schadstoff-emission (1 000 t) |
|---|---|---|---|
| 1 | Norilsk | Autonomer Bezirk der Dolganen und Nenzen von Taimyr | 2 020 |
| 2 | Nowokusnezk | Gebiet Kemerowo | 562 |
| 3 | Lipezk | Gebiet Lipezk | 376 |
| 4 | Tscherepowez | Gebiet Wologda | 349 |
| 5 | Magnitogorsk | Gebiet Tscheljabinsk | 283 |
| 6 | Nishnij Tagil | Gebiet Swerdlowsk | 217 |
| 7 | Omsk | Gebiet Omsk | 192 |
| 8 | Ufa | Republik Baschkortostan | 192 |
| 9 | Angarsk | Gebiet Irkutsk | 160 |
| 10 | Krasnojarsk | Bezirk Krasnojarsk | 142 |
| … | | | |
| 13 | Moskau | Stadt Moskau | 97 |
| 16 | Wolgograd | Gebiet Wolgograd | 79 |
| 19 | Kemerowo | Gebiet Kemerowo | 69 |
| 23 | Sankt Petersburg | Stadt Sankt Petersburg | 60 |
| 26 | Wladiwostok | Gebiet Primorje | 54 |
| 33 | Nishnij Nowgorod | Gebiet Nishnij Nowgorod | 38 |
| 49 | Jekaterinburg | Gebiet Swerdlowsk | 20 |
| 56 | Kaliningrad | Gebiet Kaliningrad | 13 |
| 60 | Nowgorod | Gebiet Nowgorod | 11 |
| 65 | Rostow am Don | Gebiet Rostow | 9 |

Dieser Belastungszustand beruht vorrangig auf folgenden **anthropogenen Faktoren:**

- In Industrieanlagen und Kraftwerken werden so gut wie keine Filter zur Abgasreinigung eingesetzt, da eine Installation für viele Betriebe zu teuer wäre. Eine Entlastung der Umwelt erfolgt mittlerweile zum Teil dadurch, dass einige marode Staatsbetriebe geschlossen wurden.
- Autos und Lastkraftwagen verbrauchen aufgrund veralteter Technik mehr Kraftstoffe als in westlichen Ländern. Gleichzeitig gibt es kaum Katalysatoren zur Abgasreinigung.

28 Quelle: www.gks.ru

- In den meisten GUS-Staaten liegt wegen der klimatischen Ungunst der Energieverbrauch in Gebäuden höher als in Ländern der gemäßigten Breiten. Dies wird dadurch verstärkt, dass Gebäude und Fenster meist nur unzureichend isoliert sind und Heizungen sich vielfach nicht individuell regeln lassen. Ein hoher Energieverbrauch bedeutet gleichzeitig aber auch einen hohen Ausstoß der Heizkraftwerke an Emissionen.
- Die Heizkraftwerke basieren auf veralteter Technik. Ihr Wirkungsgrad liegt deutlich hinter dem Standard vergleichbarer Anlagen in westlichen Ländern. Nur selten verfügen sie über leistungsfähige Schadstofffilter.
- In den langen Wintern entstehen durch die starken Kältehochdruckgebiete oft Inversionswetterlagen, die wie eine isolierende Glocke wirken. Ein Luftaustausch mit darüber liegenden Luftschichten wird dadurch unterbunden. Dies führt zu einer extremen Konzentration von Schadstoffen in der Luft.

## 5 Maßnahmen zum Umweltschutz

In der Periode der UdSSR wurde von den staatlichen Stellen immer wieder betont, dass der Umweltschutz im Interesse der Bevölkerung und der Natur einen hohen Wert besitze. Jährlich wurden auch gewisse Summen im Staatshaushalt dafür bereitgestellt. Diese finanziellen Mittel waren jedoch unzureichend und fielen im Vergleich zu entsprechenden Ausgaben in westlichen Ländern sehr gering aus. Außer im Kampf gegen die Bodenerosion (Anlage von Waldschutzstreifen) wurden kaum wirksame Umweltschutzmaßnahmen eingeleitet.

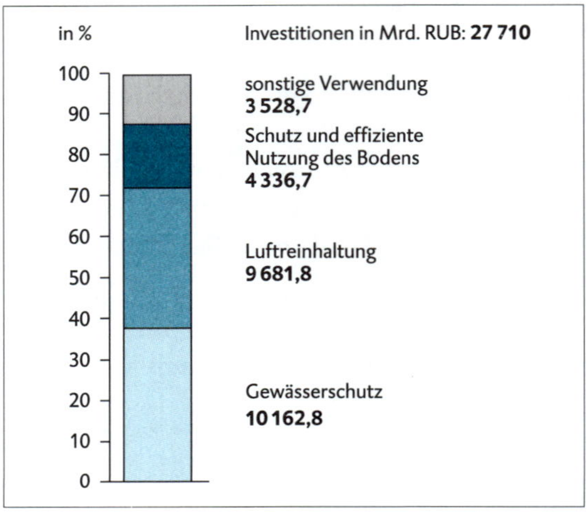


Russland: Staatliche Investitionen für den Umweltschutz 2001

Diese Grundsituation blieb seit der Auflösung der Sowjetunion nahezu unverändert. Es existieren kaum staatliche Umweltschutzprogramme. Nur in einigen Bereichen ging die Belastung mit der Schließung veralteter Industrieanlagen etwas zurück. Allmählich werden bei neuen Anlagen auch moderne Techniken eingesetzt, die dazu beitragen, die Umwelt zu entlasten. Andererseits kostet Umweltschutz viel Geld, das im gegenwärtigen Entwicklungsstand der meisten Volkswirtschaften der GUS-Staaten fehlt. Somit bleibt auf absehbare Zeit die Umweltbelastung größer als in den Staaten West- und Mitteleuropas. Die teilweise Demokratisierung in einigen GUS-Staaten hat jedoch auch dazu geführt, dass sowohl bei den staatlichen Stellen als auch bei einigen gesellschaftlichen Gruppierungen ein **verstärktes Umweltbewusstsein** entsteht.

## Zusammenfassung

- In der Zeit der Sowjetunion wurde die **Umwelt** in verschiedenen Bereichen **stark belastet**. Dies hatte eine Beeinträchtigung der Tier- und Pflanzenwelt und damit des Menschen zur Folge.
- Diese Probleme bestehen prinzipiell weiter. Alle relevanten Umweltbereiche weisen ökologisch teilweise **katastrophale Zustände** auf. Dies betrifft die Gewässer, den Boden und die Luft.
- Zumeist lässt sich die Belastung auf **anthropogene Faktoren** zurückführen. **Natürliche Faktoren** wie das kalte Klima verstärken die Probleme.
- Es ist zu erwarten, dass sich die Umweltsituation nur langsam verbessert, weil für wirksame Maßnahmen nicht genügend finanzielle Mittel zur Verfügung stehen.

# Literaturverzeichnis

BALLHAUSEN, H. W.: Aufstieg und Fall der Sowjetunion. Stuttgart 1998.
BENDER, K.-H./STADELBAUER, J.: Sowjetunion. Stuttgart 1987.
BRAUN, J.: Transition of Russia's agriculture. Frankfurt 2001.
BRADE, I./SCHULZE, M.: Rußland – aktuell. Daten-Fakten-Literatur zur Geographie Europas 4. Institut für Länderkunde, Leipzig 1997.
BRADE, I./SCHULZE, M.: Die russischen Städte im Umbruch. Gewinner und Verlierer des Transformationsprozesses. In: Geographische Rundschau, H. 12/2003, S. S. 34 – 41.
BRADE, I./SÜNNEMANN, A./ANZ, M.: Russland. Aktuelle Probleme und Tendenzen. Daten-Fakten-Literatur zur Geographie Europas 8. Leibniz-Institut für Länderkunde, Leipzig 2004.
BRADSHAW, M. J.: Russland: Geographie eines schwierigen Transformationsprozesses. In: Geographische Rundschau, H. 12/2003, S. S. 4 – 9.
GANS, P./LENTZ, S.: Demographische Trends und Transformation in Russland. In: Geographische Rundschau, H. 11/2003, S. S. 56 – 60.
HISHOW, O. N.: Von der Sowjet- in die Weltwirtschaft. Russlands Transformationsprozess und seine Perspektiven. Baden-Baden 2004.
HÖHMANN, H.-H./SCHRÖDER, H.-H. (Hrsg.): Russland unter neuer Führung. Bundeszentrale für politische Bildung, Bonn 2001.
BUNDESZENTRALE FÜR POLITISCHE BILDUNG (Hrsg.): Informationen zur politischen Bildung, H. 249/1995: Gemeinschaft unabhängiger Staaten. Bonn 1995.
BUNDESZENTRALE FÜR POLITISCHE BILDUNG (Hrsg.): Informationen zur politischen Bildung, H. 281/2003: Russland. Bonn 2003.
KREUS, A./V. D. RUHREN, N: USA, Kanada – Russland, Nachfolgestaaten der Sowjetunion. Fundamente Kursthemen. Klett-Perthes, Gotha 2002.
KRYSTANOVSKAJA, O.: Anatomie der russischen Elite. Die Militarisierung Russlands unter Putin. Köln 2004.
LENTZ, G.: Moskau. Aktuelle Stadtstrukturentwicklungsprozesse. In: Geographie und Schule, H. 136/2002, Köln.
MEIßNER, C./KÖPPEL, J.: Umwelt- und Naturschutz in Russland. In: Natur und Landschaft, H. 11/2003, S. 468–475.
MELLOR, R. : Sowjetunion. Harms Erdkunde Band 3. München u. a. 1972.

MENZEL, B. (Hrsg.): Anatomie der russischen Elite. Zur Situation der russischen Kultur heute. Bochum 2004.
NOLTE, H.-H.: Kleine Geschichte Russlands. Stuttgart 2003.
RUDOLPH, R.: Citybildung in Moskau. In: Europa Regional, H. 3/1997, Leipzig.
RUDOLPH, R./LENZ, S.: Segregationstendenzen in russischen Großstädten: Die Entwicklung elitärer Wohnformen in St. Petersburg und Moskau. In: Europa Regional, H. 2/1997, Leipzig.
SAAGER, D.: Russlands hoher Norden. Eine Reise von St. Petersburg bis zum Polarmeer. Berlin 2005.
STADELBAUER, J.: Die Nachfolgestaaten der Sowjetunion. Großraum zwischen Dauer und Wandel. Darmstadt 1996.
STADELBAUER, J.: Kaukasien – Nationalismus, politischer Regionalismus und ethnoterritoriale Konflikte. In: Geographie und Schule, H. 106/1997, Köln.
WEIN, N.: Sibirien. Perthes Regionalprofile. Gotha 1999.

### Informationen im Internet

Um sich Informationen über die GUS, einzelne Staaten, Regionen oder Städte zu verschaffen, existiert mittlerweile eine Fülle von Internetadressen. Häufig genügt die Eingabe eines relevanten Begriffs bei einer Internet-Suchmaschine, um vielfältige weiterführende Internetanschriften zu erhalten.

Viele Seiten finden sich in deutscher oder englischer Sprache. Die Angebote beispielsweise russischer Städte haben neben den russischen Seiten immer häufiger auch zumindest englischsprachige Versionen. Die Botschaften der GUS-Staaten in Deutschland liefern Informationen und Verweise auf weitere Anschriften, ebenso internationale Organisationen und Gesellschaften (z. B. die UNO, die OECD, die EU oder Außenhandelsvereinigungen). Die Statistikämter der GUS-Staaten und wie auch der USA und der Bundesrepublik liefern wichtige aktuelle Daten. Allgemeine Länderinformationen erhält man auch beim Auswärtigen Amt in Berlin.

### Internetadressen

www.cia.gov/cia/publications/factbook/index.html
www.destatis.de
www.deutsch-russisches-forum.de
www.forschungsstelle.uni-bremen.de/
www.geodok.uni-erlangen.de
www.gks.ru
www.moskau.ru
www.mygeo.info
www.president.kremlin.ru
www.russische-botschaft.de
www.vdw.ru

# Stichwortverzeichnis

Adel 114
Administrative Struktur 39 ff.
Agrarzonen 53 ff.
Akademgorodok 145 f.
Alexander II. 28, 58
Atlantischer Keil 9, 24, 53 f., 74
Aralsee 5, 22 f., 153 ff.
Arbeiter 115
Archipel Gulag 32
Außenhandel 96 ff.

Baku 77
Baltische Staaten 36
BAM (Baikal-Amur-Magistrale) 86
Bauwollproduktion 66
Bauern 115
Betriebssysteme in der Landwirtschaft 59 ff.
Bevölkerungsentwicklung 107 ff.
Bevölkerungsrückgang 108
Bevölkerungsstruktur107 ff.
Bewässerungslandwirtschaft 55
Bewässerungsprojekte 66 f.
Bruttoinlandsprodukt (BIP) 101 ff.
Bodenerosion 64 f., 156
Bodenversalzung 156
Borealer Nadelwald s. Taiga
Branchenstruktur 95
Braunkohle 77
Breschnew 35
Bundesversammlung 45

Christianisierung 25
Chruschtschow 34

Dauerfrost(boden) 9, 14, 83
Demografischer Schock 108
Diversifizierung 88, 95
Dörfliche Siedlungen 125 ff.
Drittes Rom 25
Duma 42, 45

Eisenbahn 86 ff.
Eisenerze 82
Energierohstoffe 75 ff.
Entstalinisierung 34
Erdgasvorkommen 79
Erdölproduktion 77 ff.
Erwerbsstruktur d. Sowjetunion 100
Ethnische Struktur 119 ff.

Fermerbetriebe 71
Flüsse der GUS 22 ff.
Fluss- und Kanalschifffahrt 84
Föderationsrat 41, 45
Fünfjahrespläne 31, 90

Gebirgsboden 16
Gemäßigte Klimazone 7
Geologie 3
Gewässer 22 ff.
Glasnost 35
Goelro 89
Gorbatschow 35
Gosplan 90
Gouverneure 42
Großregionen 41
Gunsträume 9, 24

Handelsbilanz 96
Historisch-genetische Stadttypen 133
Hochgebirgsklima 8
Hydroenergie 81

Industrie der GUS 75 ff.
Industrieproduktion 95
Intelligenzija 114
Intensivierungsprogramm 66

Jelzin 37
Joint ventures 146
Juschtschenko 49

Kältehochdruckgebiet 11
Kasachische Schwelle 5
Kasachstan (politisches System) 48 f.
Kastanienfarbene Böden 16
Katharina II., die Große 26
Kernenergiegewinnung 80
Kiewer Rus 25
Klimatische Ungunstfaktoren 3
Kolchosen 59, 127
Kollektivierung d. Landwirtschaft 59
Kombinate s. Produktionskombinate
Kontinentalität 7 ff.
Konversion 145
Kornkammer der GUS 55
Korruption 123
Kreml 131
Kriminalität 123
Kulaken 58

Landwirtschaft 53 ff.
Leibeigenschaft 28, 57 f.
Lemberg 138 ff.
Lenin 29
Lessivierung 15
Luftverkehr 88
Luftverschmutzung 157

Migrationsströme 112 f.
Mikrorajon 138
Mir-System 58
Mittelsibirisches Bergland 6
Moskau 25, 39, 133 ff.
Mongolenstürme 25
Maschinen-Traktoren-Stationen (MTS) 60

Nazerbajew 48
Neue Ökonomische Politik (NEP) 30, 59
Newskij Prospekt 149
Neulandaktion 64
Nichteisenmetalle 82
Nikolaus II. 29
Nowgorod 26
Nowosibirsk 144 ff.

Oberflächengestalt 3 ff.
Ökologische Katastrophengebiete 151
Oktoberrevolution 29
Oligarchisierung 46
Orientalischer Dorftyp 126 f.
Orientalischer Grundriss 141
Orthodoxe Kirche 117
Osteuropäisches Tiefland 5
Ostseitenklima 8
Ostsibirisches Bergland 6

Perestroika 35
Peter I., der Große 26
Planerfüllung 99
Planwirtschaft 32, 92
Podsol 15
Polare Klimazone 7
Politisches System
– Armenien 49 f.
– Georgien 49

– Kasachstan 48 f.
– Russland 42 ff.
– Ukraine 49 f.
Präsident 42 f.
Präsidentielle Demokratie 42
Privatisierung 93
Produktionskombinate 90
Putin 37

Randgebirge 6
Rat für gegenseitige Wirtschaftshilfe (RGW) 34
Regionaler Anbaukalender 56
Regionale Disparitäten 96
Religiöse Struktur 117 f.
Russifizierung 27

Samarkand 141 ff.
St. Petersburg 26, 39, 146 ff.
Schwarzerden 15
Schwerindustrie 90, 95
Slawische Völker 119
Sowchose 59, 127
Sozialistische Stadt 133 ff.
Sozialstruktur der Bevölkerung 114 f.
Sozialer Wandel 121 ff.
Spätstalinismus 34
Städtische Siedlungen 130 ff.
Stalin 31
Steinkohle 75
Stolypin, stolypinsche Reformen 58, 73
Subjekte der Russischen Föderation 39
Subpolares Klima 7
Subtropisches Winterregenklima 8
Systemfehler der Landwirtschaft 63

Taiga 18
Territorialer Produktionskomplex (TPK) 91 f.
Tertiärer Sektor 99 ff.
Tertiärisierung 137, 143, 146, 149
Tiefländer 5
Titularnation 120
Transformation der Landwirtschaft 68 ff.
Transsibirische Eisenbahn (Transsib) 29, 86
Tschernoseme 15
Tschetschenien 117
Tundrenböden 14

Umweltschutz 158 f.
Ungunsträume 8 f., 53

Vegetationszonen 18 ff.
Verarmung 121
Verkehrsinfrastruktur 84 ff.
Verstädterung 128
Vielvölkerstaat 27, 38, 120
(Vor)Städtische Landwirtschaft 55

Wachstumsbranchen 101
Waräger 25
Warme Meere 2, 10, 24
Warschauer Pakt 34
Westwindzone 10
Westsibirisches Tiefland 5
Wirtschaftsrajon 90
Witte 28
Wüstenböden 16

Zentralverwaltungswirtschaft 31, 92, 99

# Abbildungsnachweis

Umschlagbild: © ullsteinbild.

S. 1: © Cartomedia.
S. 4: © Cartomedia.
S. 12: Diercke Weltatlas, 5. aktualisierte Auflage. Westermann Verlag, Braunschweig 2002, S. 222/223.
S. 13: Eigene Darstellung, Datengrundlage: Bernhard Mühr, www.klimadiagramme.de.
S. 14: Wein, Norbert: Sibirien. Perthes Regionalprofile. Klett-Perthes, Gotha 1999, S. 24.
S. 15: Eigene Darstellung.
S. 17: Stadelbauer, Jörg.: Nachfolgestaaten der Sowjetunion: Großraum zwischen Dauer und Wandel. Wissenschaftliche Buchgesellschaft, Darmstadt 1996, S. 340.
S. 20/21: Karger, A.: Russlands naturräumliche Potentiale. In: Landeszentrale für politische Bildung Baden-Württemberg (Hrsg.): Der Bürger im Staat, H. 2/96, S. 111.
S. 31: © cinetext.
S. 33: Karger, A.: Russlands naturräumliche Potentiale. In: Landeszentrale für politische Bildung Baden-Württemberg (Hrsg.): Der Bürger im Staat, H. 2/96, S. 106
S. 35: © cinetext.
S. 37: © cinetext.
S. 41: © Albert-Ludwigs-Universität Freiburg i. Br., Institut für Kulturgeographie.
S. 43: Verändert nach Höhmann, H.-H. /Schröder, H.-H.: Russland unter neuer Führung. Bundeszentrale für politische Bildung, Meppel 2001, S. 331.
S. 45: © cinetext.
S. 48: © ullsteinbild.
S. 49: © ullsteinbild.
S. 54: Roy E. H. Mellor: Sowjetunion. Harms Erdkunde Band 3. Paul List Verlag, München u. a. 1972, S. 192.
S. 56: Bender, K.-H.: Sowjetunion. Ernst Klett Verlag, Stuttgart 1987, S. 47 (leicht verändert).
S. 57: © ullsteinbild, G. Doré.
S. 61: Bender, H.-U./Stadelbauer, J.: Sowjetunion. Ernst Klett Verlag, Stuttgart 1987, S. 57; nach USSR Agricultural Atlas, Washington 1974, S. 40, ergänzt.
S. 65: Rostankowski, P.: Agrarraum und Getreideanbau in der Sowjetunion 1948 – 1985. Gießener Abhandlungen zur Agrar- und Wirtschaftsforschung des europäischen Ostens. Bd. 98. Duncker & Humblot, Berlin 1979, S. 49.
S. 72: Selskoje chosjaistwo w Rossii 2002. Hrsg. von GOSKOMSTAT Rossii. Moskau 2002, S. 254 – 262, Nefjodowa, T.: Selskaja Rossija na pereputje. Moskau 2003.
S. 76: Zimm, A./Markuse, G.: Geographie der Sowjetunion. Studienbücherei Geographie für Lehrer Band 8. VEB Hermann Haack, Geographisch-Kartographische Anstalt. Gotha/Leipzig 1980, S. 168.
S. 78: Zimm, A./Markuse, G.: Geographie der Sowjetunion. Studienbücherei Geographie für Lehrer Band 8. VEB Hermann Haack, Geographisch-Kartographische Anstalt. Gotha/Leipzig 1980, S. 172.
S. 85: Roy E. H. Mellor: Sowjetunion. Harms Erdkunde Band 3, Paul List Verlag, München u. a. 1972, S. 271.
S. 87: Roy E. H. Mellor: Sowjetunion. Harms Erdkunde Band 3, Paul List Verlag, München u. a. 1972, S. 247.
S. 91: Nach Bender, H.-U./Stadelbauer, J.: Sowjetunion. Ernst Klett Verlag, Stuttgart 1987, S. 97 (verändert).

S. 92: Bender, H.-U./Stadelbauer, J.: Sowjetunion. Ernst Klett Verlag, Stuttgart 1987, S. 98. Entwurf: J. Stadelbauer.
S. 94: Eigene Darstellung nach www.russlandanalysen.de 2004 (Angaben der Weltbank).
S. 98: Eigene Darstellung, Datengrundlage: www.gks.ru
S. 100: Bundeszentrale für politische Bildung: Info Nr. 182, 1990, S. 29.
S. 108: Rechte Abb.: Eigene Darstellung; Datengrundlage: Fischer Weltalmanach 2008.
S. 109: Eigene Darstellung, Datengrundlage: U.S. Census Bureau, International Data Base.
S. 112: Brade, I./Schulze, M.: Russland aktuell. Daten-Fakten-Literatur zur Geographie Europas 4. Institut für Länderkunde, Leipzig 1997, S. 28.
S. 113: Brade, I./Schulze, M.: Russland aktuell. Daten-Fakten-Literatur zur Geographie Europas 4. Institut für Länderkunde, Leipzig 1997, S. 32.
S. 115: Ballhausen, H. W.: Aufstieg und Fall der Sowjetunion. Ernst Klett Verlag, Stuttgart 1998, S. 15.
S. 122: Eigene Darstellung, Datengrundlage: dgo-online.de
S. 123: © ullsteinbild.
S. 125: Bender, H.-U./Stadelbauer, J.: Sowjetunion. Ernst Klett Verlag, Stuttgart 1987, S. 53.
S. 126: Binder, F./Delemen, A.: Samarkand, Chiwa, Buchara. Islamische Hochkultur in Mittelasien. Eulen Verlag, Freiburg i. Brsg. 1990, S. 25.
S. 127: Bender, H.-U./Stadelbauer, J.: Sowjetunion. Ernst Klett Verlag, Stuttgart 1987, S. 81.
S. 129: Lappo, G. M./Hönsch, F. W.: Urbanisierung Rußlands. Gebrüder Bornträger, Berlin/Stuttgart 2000, S. 6. Kartengrundlage: Institut für Länderkunde, Leipzig 1997.
S. 130: Roy E. H. Mellor: Sowjetunion. Harms Erdkunde Band 3, Paul List Verlag, München u. a. 1972, Foto 66.
S. 132: Roy E. H. Mellor: Sowjetunion. Harms Erdkunde Band 3, Paul List Verlag, München u. a. 1972, S. 133.
S. 134: Dressler, F., Bednarz, K. u. a.: Russland. Bucher Verlag, München 1992.
S. 135: Mjatschin, I./Tschernow, W.: Moskau Reiseführer. APN Verlag, Moskau o. J., S. 194.
S. 136 f.: Karger, A./Werner, F.: Die sozialistische Stadt. In: Westermann Verlag, Geographische Rundschau 34 (1982) Heft 11, S. 33.
S. 140: © ullsteinbild.
S. 142: Beide Abbildungen © ullsteinbild.
S. 143: List Großer Weltatlas, Mensch und Erde, Ausgabe Niedersachsen. Paul List Verlag, München 1975, S. 16.
S. 144: Bender, H.-U./Stadelbauer, J.: Sowjetunion. Ernst Klett Verlag, Stuttgart 1987, S. 156.
S. 147: Hamel, Ch.: Russland. Von der Wolga bis zur Newa: Moskau und Goldener Ring, St. Petersburg und Karelien, Nowgorod, Pskow und Kasan. DuMont Reiseverlag, 3., aktualisierte Auflage. Köln 2004, S. 249.
S. 148: Eigene Darstellung, Datengrundlage: www.wikipedia.org.
S. 149: © ullsteinbild.
S. 151: Brade, I./Schulze, M.: Russland aktuell. Daten-Fakten-Literatur zur Geographie Europas 4. Institut für Länderkunde, Leipzig 1997, S. 100.
S. 152: © Steve Morgan/Greenpeace.
S. 155: Mit freundlicher Genehmigung von Prof. Dr. S.-W. Breckle, Universität Bielefeld.
S. 158: Rossiski statistitscheski jeshegodnik 2002. Hrsg. von GOSKOMSTAT Rossii. Moskau 2002, S. 76.

# Ihre Meinung ist uns wichtig!

Ihre Anregungen sind uns immer willkommen. Bitte informieren Sie uns mit diesem Schein über Ihre Verbesserungsvorschläge!

| Titel-Nr. | Seite | Vorschlag |
|---|---|---|
| | | |
| | | |
| | | |
| | | |
| | | |
| | | |
| | | |
| | | |
| | | |

Bitte hier abtrennen

**Zutreffendes bitte ankreuzen!**

**Die Absenderin/der Absender ist:**

- ☐ Lehrer/in in den Klassenstufen: ______
- ☐ Fachbetreuer/in
  Fächer: ______
- ☐ Seminarlehrer/in
  Fächer: ______
- ☐ Regierungsfachberater/in
  Fächer: ______
- ☐ Oberstufenbetreuer/in
- ☐ Schulleiter/in
- ☐ Referendar/in, Termin 2. Staats-
  examen: ______
- ☐ Leiter/in Lehrerbibliothek
- ☐ Leiter/in Schülerbibliothek
- ☐ Sekretariat
- ☐ Eltern
- ☐ Schüler/in, Klasse: ______
- ☐ Sonstiges: ______

**Unterrichtsfächer:** (Bei Lehrkräften!)

______

19-V1T_GW
Bitte ausfüllen und im frankierten Umschlag
an uns einsenden. Für Fensterkuverts geeignet.

**STARK Verlag**
**Postfach 1852**
**85318 Freising**

**Kennen Sie Ihre Kundennummer?**
**Bitte hier eintragen.**

## Absender (Bitte in Druckbuchstaben!)

Name/Vorname

Straße/Nr.

PLZ/Ort/Ortsteil

Telefon privat

Geburtsjahr

E-Mail

## Schule/Schulstempel (Bitte immer angeben!)

Bitte hier abtrennen